더 즐거운 코바늘 손뜨개

원더 크로셰

Wonder Crochet

더 즐거운 코바늘 손뜨개

원더 크로셰

Contents

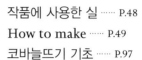

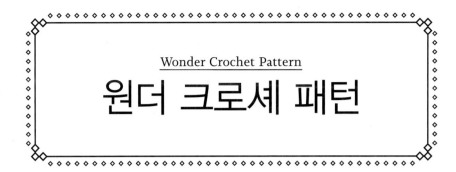

원더 크로셰 패턴

간단하게 뜨지만 전에 없는 존재감으로 특별한 코바늘 무늬뜨기를 다양하게 모아보았다.
코를 줍는 색다른 방법이나 코를 조합하는 방식 등이 모두 대단히 신선해서, 한 땀 한 땀 뜨는 과정이
설레면서 재미있다. 실제 작품에 응용하면 뛰어난 디자인성으로 성취감이 높다.
기호 도안만으로 이해하기 어려운 테크닉은 Point Lesson을 참고하자.

※스와치는 작품과 다른 색의 실을 사용한 경우도 있다.
※뜨는 방법의 Point Lesson은 이해하기 쉽도록 작품과 달리 전체 콧수·단수에 차이가 있다. 실제로 뜰 때는 작품의
　기호 도안에 맞춘다.

Crocheted Puff Entrelac Stitch

구슬뜨기 블록 스티치

긴뜨기 구슬뜨기 모양을 빗살 모양으로 떠나가는 무늬뜨기.
단에서 줍는 콧수와 위치를 조절해 낱낱의 블록을 깨끗한 사각 모양으로 만드는 것이 포인트이다.

작품◇P.6, 7

◇ Swatch ◇

◇ Pattern ◇

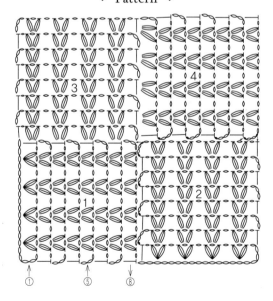

Maple Leaf Stitch
메이플 리프 스티치

왕복뜨기 2단으로 단풍잎 형태를 만드는 무늬뜨기. 원형의 잎사귀 부분은 변형 구슬뜨기로 볼륨감을 낸다.
성글게 뜨는 단이 사이에 있기 때문에 가벼운 느낌이다.

작품◆P.8, 9

◆ Swatch ◆   ◆ Pattern ◆

Crocheted Aran Stitch
앞걸어뜨기 아란 무늬

한길긴뜨기의 앞걸어뜨기로 만드는 다이아몬드와 꽈배기 모양에 버블을 가득 배치한 아란 무늬.
입체감과 무늬의 크기에 강약을 주어 존재감이 돋보이는 작품을 완성했다.

작품◆P.10, 11

◆ Swatch ◆   ◆ Pattern ◆

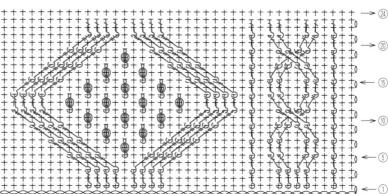

A. 지퍼 파우치

내추럴한 오프화이트 색상으로 산뜻

반듯하게 떠서 주머니 모양으로 만드는 간단한 파우치.
격자무늬에 엇갈려 연출한
구슬뜨기 음영이 매우 깜찍하다.
단색으로 심플하게 완성한다.

Design◇스기야마 도모
Yarn◇하마나카 소노모노 《합태》
How to make◇p.50

Crocheted Puff Entrelac Stitch
구슬뜨기 블록 스티치

B. 복고 패치워크 스타일
무릎 담요

사각 모티브마다 색상을 바꿔 떠서
색색이 다채로운 경쾌한 작품을 완성했다.
남은 실을 잘 활용할 수도 있다.

Design◇스기야마 도모
Yarn◇DARUMA iroiro
How to make◇p.52

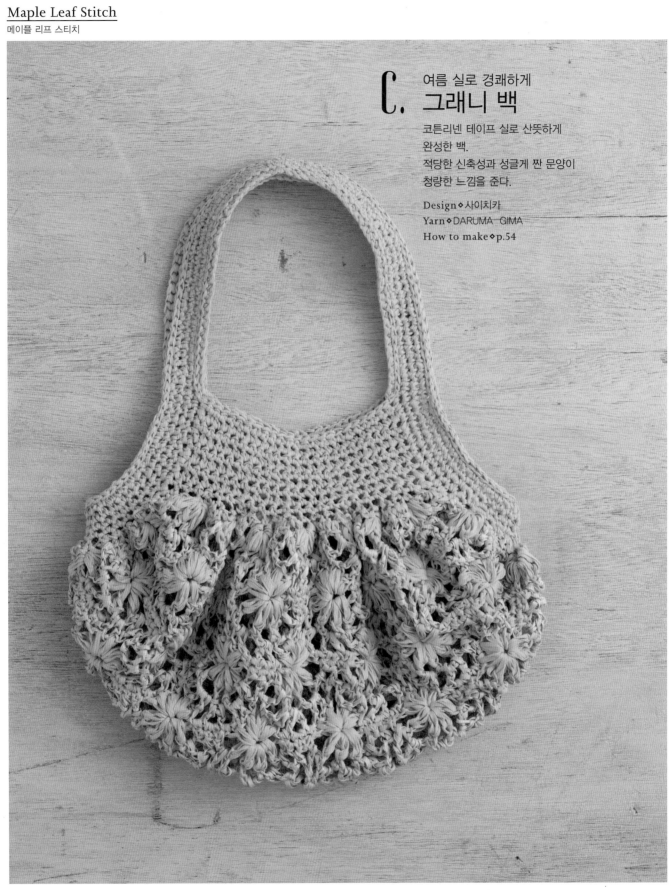

C. 여름 실로 경쾌하게
그래니 백

코튼리넨 테이프 실로 산뜻하게
완성한 백.
적당한 신축성과 성글게 짠 문양이
청량한 느낌을 준다.

Design◆사이치카
Yarn◆DARUMA GIMA
How to make◆p.54

Maple Leaf Stitch
메이플 리프 스티치

D. 연속 무늬가 돋보이는
삼각 숄

메이플 리프 스티치 숄은
폭신하게 어깨에 걸친 뒷모습이 매력적이다.
삼각형 꼭지 부분에서 뜨기 시작하므로
각자 원하는 사이즈로 만들 수 있다.

Design◇사이치카
Yarn◇DARUMA 야와라카 라무
How to make◇p.56

E. 2장의 편물을 감침질로 연결한
티 코지

다이아몬드 안에 버블을 배합한
아란 무늬가 매력 포인트.
모자가 연상되는 모양도 사랑스럽다.

Design◇사이치카
Yarn◇DARUMA 공기를 섞어 만든 울 알파카
How to make◇p.58

F.

편물을 옆으로 연결한
스퀘어 백

다이아몬드와 케이블이 절묘하게
조화를 이룬 디자인이다.
편물을 옆으로 연결하는 신선한 시도로
존재감이 두드러진 라인을 만들었다.

Design◆사이치카
Yarn◆DARUMA 포클랜드 울
How to make◆p.60

우븐 셸 스티치

한길긴뜨기를 교차해서 만드는 바스켓 모양. 교차할 때 아래쪽에 들어가는 한길긴뜨기의 다발을 감싸서 뜨기 때문에
마치 구슬뜨기처럼 봉긋한 볼륨을 만든다.

작품◆P.13

◆ **Swatch** ◆

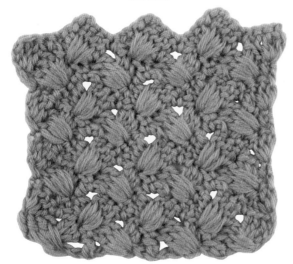

◆ **Pattern** ◆

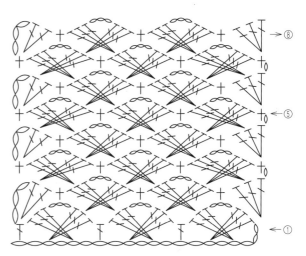

◆ **Point Lesson** ◆

1

시작코를 뜨고, 도안 기호대로 첫 단의 한길긴뜨기 3코를 부채 모양으로 뜬다.

2

다음 코는 먼저 바늘에 실을 걸어 그림 1의 화살표처럼 부채 모양이 있는 코에서 2코 앞 시작코의 사슬 반 코와 사슬코 산*에 바늘을 넣는다.
*사슬코 산: 사슬 뒤쪽에 볼록 나온 실 1가닥.

3

이어서 바늘에 실을 걸어 그림 1의 한길긴뜨기 3코를 감싸듯이 실을 끌어낸다.

4

다시 바늘에 실을 걸어 한길긴뜨기를 한다. 그림 3에서 빼낸 실은 느슨하게 뜨는 것이 요령. 편물이 조이지 않고 깔끔하게 부풀어 오른 모양이 된다.

느슨하게 뺀다

5

그림 **2**와 같은 코에 한길긴뜨기 3코를 뜬 상태(한길긴뜨기 3코씩 교차). 이어서 한길긴뜨기 1코를 뜬다.

6

같은 요령으로 도안대로 끝까지 뜬다. 1단을 다 뜬 상태.

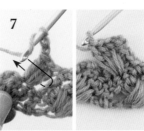

7

2단 뜨기. 한길긴뜨기 3코가 교차하는 부분은 뾰족한 모양이 나타난다. 아랫단 부채 모양의 한길긴뜨기 2번째 머리를 주워 뜬다.

8

2단까지 완성한 모습.

Woven Shell Stitch
우븐 셀 스티치

G. 테두리에 물결 모양을 살린
티핏

교차하는 한길긴뜨기의 콧수를 증감하여
케이프 스타일의 완만한 커브를 만든다.
물결 모양의 끝단을 그대로 테두리로 하였다.

Design◆니시무라 도모코
Yarn◆DARUMA 공기를 섞어 만든 울 알파카
How to make◆p.62

다이아몬드 와플 스티치

마름모꼴의 올록볼록한 와플 모양이 특징인 무늬뜨기. 두길긴뜨기 2코 앞걸어모아뜨기를 떠서
사선으로 교차하는 라인을 만든다. 2가지 색으로 뜨면 모양이 한층 돋보인다.

작품◇P.16

◇ Swatch ◇

◇ Pattern ◇

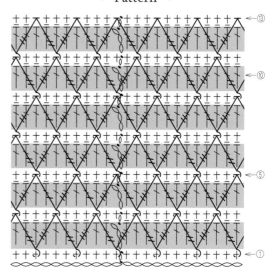

와플 스티치

와플 과자 같은 무늬뜨기. 뜨는 방법은 간단하다.
한길긴뜨기와 한길긴뜨기의 앞걸어뜨기로 사각 라인을 만든다.

작품◇P.17

◇ Swatch ◇

◇ Pattern ◇

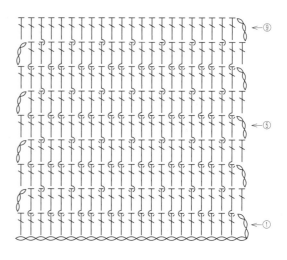

Point Lesson ◇ 다이아몬드 와플 스티치

※과정은 A색·흰색, B색·진녹색으로 한다.

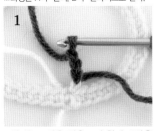

1

A색 실로 1단을 짧은뜨기 한다. 2단은 B색으로 바꿔 기둥코로 사슬 3코를 뜬다.

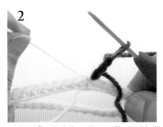

2

A색 실을 당겨서 코를 조여놓고 쉬게 한다.

3

한길긴뜨기로 2단을 뜨고, 마지막 빼뜨기를 할 때 A색 실로 바꾼다. 2단을 완성한 상태.

4

3단은 기둥코로 사슬 1코를 세우고, 짧은뜨기 1코, 이랑뜨기 1코를 한다. 이어서 바늘에 실을 2번 감아 전전 단(1단) 첫코 짧은뜨기의 다리 부분에 겉에서 화살표 모양으로 바늘을 넣는다.

5

실을 걸어서 빼내고, 미완성 두길긴뜨기를 뜬다.

6

미완성 두길긴뜨기를 뜬 상태.

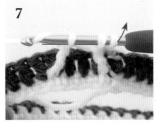

7

1단의 5번째 짧은뜨기의 다리에 겉에서 바늘을 넣어, 미완성 두길긴뜨기를 뜬다. 다시 바늘에 실을 감아 걸린 코를 한 번에 뺀다.

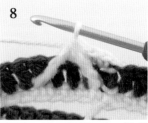

8

두길긴뜨기 2코 앞걸어모아뜨기를 한 모습.

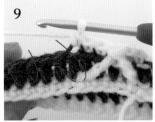

9

이어서 짧은뜨기의 이랑뜨기를 3코 뜨고, 다음은 화살표대로 1단의 코를 주워, 두길긴뜨기 2코 앞걸어모아뜨기를 한다.

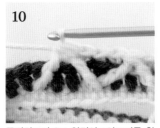

10

두길긴뜨기 2코 앞걸어모아뜨기를 한 모습.

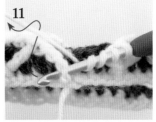

11

9~10을 반복한다. 단의 마지막 두길긴뜨기 2코 앞걸어모아뜨기는 4에서 바늘을 넣었던 코를 주워 뜬다.

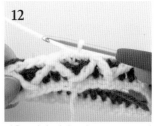

12

짧은뜨기의 이랑뜨기를 1코 뜨고, 빼뜨기를 한다. 3단 완성.

A색으로 바꾼 모습.

13

4단은 2단과 똑같이 뜬다. 5단은 기둥코로 사슬 1코를 뜨고, 바늘에 실을 2번 감아 3단 끝에 있는 두길긴뜨기 2코 모아뜨기 한 것의 머리 아래로 겉에서 화살표 방향으로 바늘을 넣는다.

14

미완성 두길긴뜨기를 뜬다. 이어서 3단의 첫 번째 2코 모아뜨기 한 머리 아래에 화살표와 같이 겉에서 바늘을 넣어 두길긴뜨기 2코 앞걸어모아뜨기를 한다.

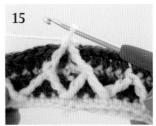

15

두길긴뜨기 2코 앞걸어모아뜨기 한 모습. 마름모꼴이 하나 나왔다.

16

같은 방법으로 도안 기호대로 끝까지 뜬다.

H. 존재감이 돋보이는 격자무늬
핸드백

입체적인 다이아몬드 격자무늬 연출.
짙은 색과 옅은 색 2가지를 사용해
한층 두드러지게 입체감을 표현했다.
모양이 깨끗하게 연결되도록 옆면은
증감 없이 원형으로 뜨는 것이 포인트.

Design◇이마무라 요코
Yarn◇하마나카 멘즈 클럽 마스터
How to make◇p.64

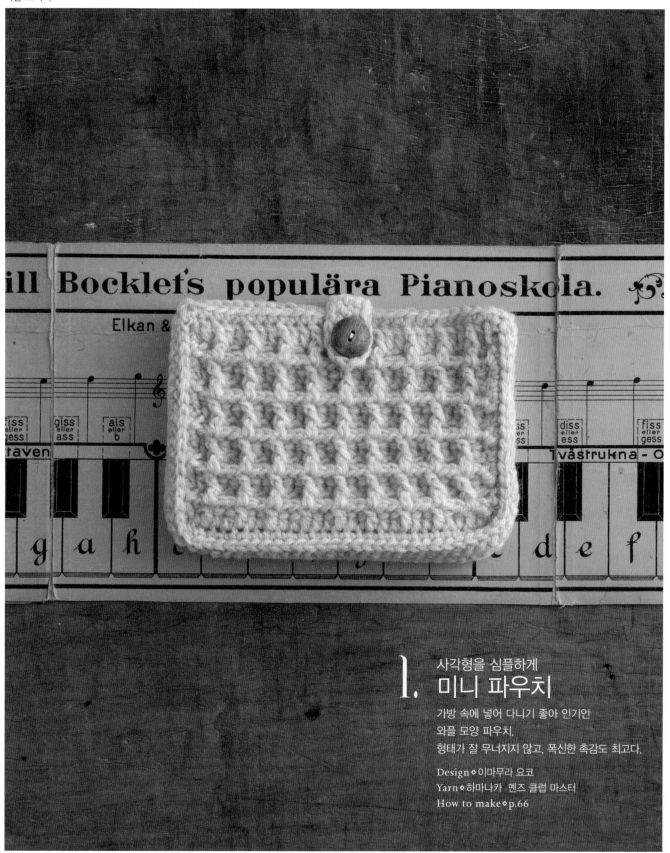

1. 미니 파우치

사각형을 심플하게

가방 속에 넣어 다니기 좋아 인기인
와플 모양 파우치.
형태가 잘 무너지지 않고, 폭신한 촉감도 최고다.

Design◇이마무라 요코
Yarn◇하마나카 멘즈 클럽 마스터
How to make◇p.66

Bavarian Crochet

바바리안 크로셰

단의 경계면을 뒤걸어뜨기로 떠서 입체적인 라인을 만든 스퀘어 모티브.
두길긴뜨기 4코를 구슬뜨기나 4코 모아뜨기, 8코 모아뜨기를 할 때 마지막에 사슬 1코를 추가로 떠서 코를 안정시킨다.

작품◆P.20, 21

◆ Swatch ◆　　　　　　　　◆ Pattern ◆

◇ **Point Lesson** ◇

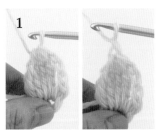

1 1단은 사슬 5코로 원형코를 만들고, 짧은뜨기 1코·사슬 3코·두길긴뜨기 4코로 구슬뜨기를 한다. 여기에 사슬 1코를 떠서 코를 안정시킨다.

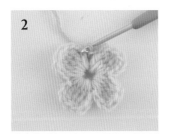

2 이어서 사슬뜨기 3코·짧은뜨기를 한다. 같은 요령으로 3회 반복한 뒤 마지막 빼뜨기에서 실 색깔을 바꾼다.
※색을 바꾸지 않는 경우는 계속 뜬다.

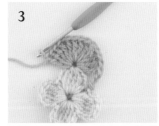

3 2단은 짧은뜨기 1코·사슬 2코를 뜬 뒤, 1에서 구슬뜨기 다음에 뜬 사슬을 주워서 두길긴뜨기 4코·사슬 1코·두길긴뜨기 4코·사슬 1코·두길긴뜨기 4코를 같은 코에 넣어 뜬다.

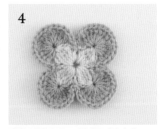

4 같은 방법으로 도안대로 끝까지 뜨고 실을 정리한다.

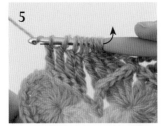

5 3단은 지정한 위치에 실을 연결해서 도안대로 뜬다. 두길긴뜨기 8코 모아뜨기는 뒤걸어뜨기로 뜬다. 미완성 8코를 뜨면 바늘에 실을 걸어서 한 번에 뺀다.

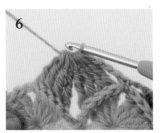

6 바늘에 걸린 고리를 모두 뺀 상태.

7 다음에 사슬을 1코 떠서 코를 안정시킨다.

8 도안 기호대로 마지막까지 뜬다.

Scale Crochet

스케일 크로셰

사슬뜨기와 빼뜨기를 반복하면서 만드는 잔비늘 모양으로, 항상 겉을 보며
한 방향으로 뜨는 것이 특징이다. 작품을 만들 때는 안쪽 면을 겉으로 사용한다.

작품◈P.22, 23

◈ Swatch ◈

◈ Pattern ◈

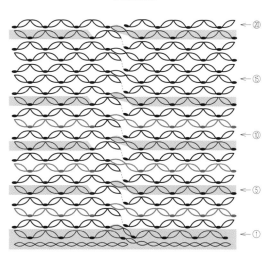

◈ Point Lesson ◈

※과정은 A색·짙은 오렌지, B색·오프화이트, C색·그레이로 한다. 색을 깔끔하게 바꾸기 위해 빼뜨기 전의 사슬코에서 실 색깔을 바꾼다.
※단을 변경할 때 색 교체 위치를 바꿔가며 떠서, 무늬가 비스듬하지 않도록 한다.

1

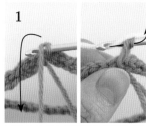

도안 기호대로 시작코를 만들어 1단을
A색으로 뜬다. 이어서 2단에 사슬 1코
를 A색으로 뜬 뒤 A색 실을 바늘 앞
으로 건 상태에서 B색으로 사슬코를
뜬다.

2

실이 B색으로 바뀐 상태(사슬은 A색
으로 2코 생겼다). 쉬어가는 실은 항
상 앞쪽에 둔다.

3

이어서 아랫단의 사슬 고리를 다발로
주워 빼뜨기 한다(★).

4

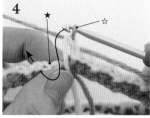

2단을 B색으로 도안대로 뜬다. 마지
막은 1단 3(★)의 정면에서 빼뜨기
를 하고 사슬 1코를 뜬 뒤, 다음 사슬을
C색으로 뜬다. 이어서 화살표대로 아
랫단의 사슬을 다발로 주워 뜬다.

5

3단을 C색으로 도안대로 뜬다. 마지
막 실 교체는 2단에서 실을 바꾼 위치
보다 1코 전의 사슬에서 한다.

6

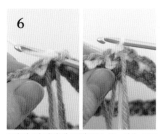

2단의 마지막에 B색으로 뜬 사슬 2코
를 다발로 주워 빼뜨기 한다. 3단 완성.

7

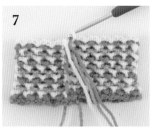

2, 3단과 같은 요령으로 실 색깔을 바
꾸면서 도안대로 뜬다.

작품은 안쪽 면을 겉으로 한다

7의 편물을 뒤집은 모습. 실을
바꿀 때 대기하던 실이 느슨하
지 않게 주의해서 뜬다.

19

J. 배색을 즐긴다
냄비 손잡이

배색하기에 따라 다양한 표정을 보여주는
바바리안 크로셰 작품.
단을 바꿀 때 나타나는 지그재그 라인의
연출로도 분위기를 달리할 수 있다.
두길긴뜨기 부채 모양으로 물결 라인 테두리를 만들었다.

Design◆스기야마 도모
Yarn◆DARUMA iroiro
How to make◆p.68

K. 커다란 모티브 1장으로 만드는
모노톤 백

가방 본체 부분은 J의 냄비 손잡이와 동일한 방법으로
큼지막하게 뜬 1장의 사각 모티브이다.
여기에 테두리와 손잡이를 더하면 끝.
완성해가는 모양을 보는 것이 더없이 행복한 디자인이다.

Design◆스기야마 도모
Yarn◆DARUMA 공기를 섞어 만든 울 알파카
How to make◆p.69

L. **흰색 줄무늬가 악센트**
벙어리장갑

둥글게 떠나가는 방법의 스케일 크로세는 원통 모양의
벙어리장갑을 뜨기에 제격!
3색의 줄무늬와 폭이 넓은 줄무늬를 반복해 리듬감을 주었다.
손목은 한길긴뜨기의 앞·뒤걸어뜨기로 고무뜨기 느낌으로 연출했다.

Design◇Ha-Na
Yarn◇하마나카 아메리
How to make◇p.72

M.

극태 특수사의 환상적 조합
스누드

사슬뜨기와 빼뜨기의 단순한 연출이지만
극태 특수사를 사용해 볼륨감이 두드러진
인상적인 디자인으로 완성했다.
스케일 크로셰는 편물의 뒷면으로 뒤집어서 쓰는 것이
일반적이지만 이 작품은 겉을 그대로 사용한다.
겉과 안이 달라 두 가지 느낌을 함께 즐길 수 있다.

Design◇Ha-Na
Yarn◇하마나카 오브 코스 빅, 하마나카 소노모노 루프
How to make◇p.74

Rib Crochet
리브 크로셰

이 무늬뜨기는 언뜻 한코 고무뜨기처럼 보이지만 사실은 모두 짧은뜨기이다.
포인트는 2단 이후를 뜰 때 실을 줍는 위치. 짧은뜨기 코 뒤에서 옆으로 실을 1가닥 주워서 떠나간다.

작품◆P.25

◇ Swatch ◇   ◇ Pattern ◇

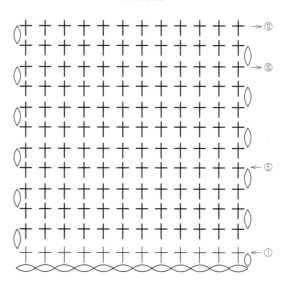

◇ Point Lesson ◇

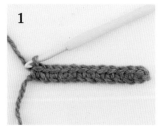

1

1단은 짧은뜨기로 뜬다.

2

사슬 1코를 기둥코로 세우고 편물을 뒤로 돌린다.
※다음에 주울 실(짧은뜨기를 한 뒷면 머리 아래에 옆으로 누운 실 1가닥)의 위치를 알아보기 쉽게 마커를 걸어둔다.

3

2단은 **2**에서 마커를 걸어둔 실에 바늘을 세로로 아래에서 걸듯이 넣는다.

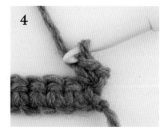

4

그대로 짧은뜨기 1코를 뜬다.

5

같은 방식으로 실을 주워 짧은뜨기 한다. 2단을 뜬 모습. 1단의 끝이 살짝 삐져나와도 괜찮다.

6

사슬 라인

사슬 1코를 기둥코로 세우고 편물을 뒤로 돌린다. 1단에 사슬 라인이 생겼다.
※다음에 주울 실을 알아보기 쉽게 **2**와 똑같이 마커를 걸어둔다.

7

3~5와 동일하게 마지막까지 짧은뜨기 한다. 3단 완성.

8

7단까지 뜬 모양. 고무뜨기와 같은 입체적인 사슬 라인이 생겼다.

N. 부드러운 실로 뜬
핸드 워머

고무뜨기풍의 줄무늬에
도트 모양의 무늬뜨기를 더해서 만든
핸드 워머.
릴리안 느낌의 부드러운 실을 사용해
폭신하고 따뜻하게 완성했다.

Design◇세바타 야스코
Yarn◇하마나카 후가 《solo color》,
하마나카 알파카 모헤어 핀
How to make◇p.76

O. 태사로 모양을 선명하게 만든
토트백

리브 크로세로 뜬 편물을 옆쪽으로 눕혀서
사용한 재치 있는 아이디어.
넉넉한 사이즈라 인기 만점이다.
태사로 떠서 리브 라인이 또렷하다.
손잡이를 보강하기 위해 가죽을 덧댔다.

Design◇세바타 야스코
Yarn◇하마나카 오브 코스 빅
How to make◇p.78

헤링본 크로셰

헤링본 크로셰는 빗살무늬같이 V자가 연속으로 나타나는 것이 특징이다. 왕복뜨기(편물의 뜨는 방향을 단마다 바꿔서 뜨는 것)를 기본으로,
2단마다 하나의 모양을 완성한다. 아랫단 코의 머리＋떠놓은 코의 다리에서 1가닥을 주워서 뜨기 때문에 편물에 두께가 있다.

작품◆P.30, 31

◆ Swatch ◆   ◆ Pattern ◆

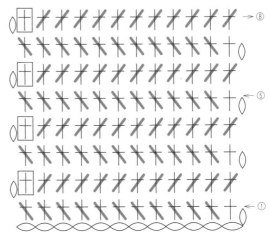

◆ **Point Lesson** ◆

평평하게 뜨기	헤링본 크로셰의 기본이 되는 뜨개법／ ※1. 클러치 백의 도안 기호로 설명.

시작코

1

사슬을 시작코로 한다.
※작품은 36코 뜬다.

1단
(겉면 : 헤링본 크로셰 겉뜨기)

2

사슬 1코를 기둥코로 하고 시작코의 사
슬코 산을 주워 짧은뜨기 1코를 뜬다.
2번째 코는 처음 짧은뜨기 한 것의 왼
다리 1가닥에 앞에서 바늘을 넣는다.

3

다음 시작코의 사슬코 산에 바늘을 넣
는다.

사슬코 산

4

바늘에 실을 걸어 3의 사슬코 산에서
실을 뺀다.

5

실을 뺀 모양. 바늘에는 3개의 고리가
걸려 있다.

6

바늘에 실을 감아 걸린 고리를 모두
뺀다.

7

헤링본 크로셰 겉뜨기 1코 완성.

8

3번째 코부터는 헤링본 크로셰 겉뜨
기의 다리 1가닥(왼쪽 1가닥)에 앞쪽에
서 바늘을 넣는다.

Point Lesson ◦ 헤링본 크로셰

2단
(뒷면 : 헤링본 크로셰 안뜨기)

9

시작코의 사슬코 산을 줍는다.

10

이어서 4~6과 동일하게 뜬다. 헤링본 크로셰 2코를 뜬 모습.

11

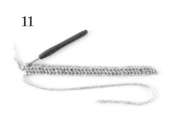

다음부터는 8~10과 같은 요령으로 마지막까지 뜬다. 1단 완성.

12

사슬 1코를 기둥코로 세우고 편물을 앞으로 돌린다.

13

실을 앞으로 두고, 편물의 뒤쪽에서 아랫단 코의 머리에 바늘을 넣는다.

14

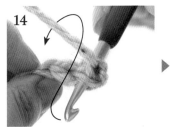

화살표와 같이 바늘에 실을 걸어서 뺀다. 통상과 달리 실을 거는 방식이므로 주의.

뒤에서 본 모습.
★의 실을 줍는다.

15

실을 뺀 상태.

16

바늘에 실을 감아서 걸린 고리 2개를 뺀다.

17

첫 짧은뜨기 안뜨기 완성.

18

2번째 코는 **17** '짧은뜨기 안뜨기'의 다리 1가닥(왼쪽 1가닥)에 편물의 뒤에서부터 바늘을 넣는다.

19

편물의 뒤에서부터 아랫단 코의 머리에 바늘을 넣는다(편물의 옆면이 아니라 위에서 봤을 때 사슬같이 나란히 있는 실 2가닥을 줍는다).

20

14와 같이 바늘을 움직여 실을 걸어서 뺀다. 통상과 달리 실을 거는 방식이므로 주의.

21

실을 뺀 상태. 바늘에는 3개의 고리가 걸려 있다.

Point Lesson ◇ 헤링본 크로셰

앞으로 돌리면 V자가 늘어선 모양이 나타난다. 이것으로 헤링본 크로셰 모양 1개 (2단) 완성.

22

바늘에 실을 걸어, 바늘에 걸린 고리를 모두 뺀다.

23

헤링본 크로셰 안뜨기 완성.

24

다음은 '헤링본 크로셰 안뜨기'의 다리 1가닥(왼쪽 1가닥)을 편물 뒤쪽에서 바늘을 넣어 줍고, **19~23**과 똑같이 뜬다.

25

2단을 완성했다.

원형으로 뜨기 헤링본 크로셰 뜨는 법 정리. '편물의 겉면만 보고 둥글게 뜨기' 방법과 '원통형으로 뜨기' 방법. ╱ ※(). 마르셰 백 도안으로 해설.

바닥 뜨기
(편물의 겉면만 보고 둥글게 뜨기)

※헤링본 크로셰의 겉뜨기만 뜨기 때문에 V자 형태는 나오지 않는다.

1 1단은 원형 시작코로 짧은뜨기 8코를 뜬 뒤 원형을 조여준다. 첫코 머리에 빼뜨기를 한다.

2

2단은 사슬 1코를 기둥코로 세우고, 아랫단의 첫코에 짧은뜨기 1코를 뜬다. 다음에 짧은뜨기 다리 1가닥(왼쪽 1가닥)에 바늘을 넣는다.

3

바늘을 넣은 상태.

4

2코
기둥코

그 상태에서 **2**와 같은 코에 헤링본 크로셰 겉뜨기(P.26 **2~6** 참조)를 1코 뜬다.

5

3번째 코는 **3**의 헤링본 크로셰 겉뜨기의 다리 1가닥(왼쪽 1가닥)에 앞쪽에서 바늘을 넣는다.

6

그대로 아랫단의 2번째 코에 헤링본 크로셰 겉뜨기 1코를 뜬다.

7

4코
기둥코

6과 같이 헤링본 크로셰 겉뜨기(P.26 **2~6** 참조)를 1코 더 뜬다.

옆면으로 이어짐 ┈➔

8

2단은 아랫단의 모든 코에 헤링본 크로셰 겉뜨기를 2코씩 늘려 뜨고, 그 이후에는 도안대로 지정한 위치에서 2코 늘려뜨기 한다.

옆면 뜨기(원통형 뜨기) ※왕복으로 뜨기 때문에 겉면에 V자 모양이 생긴다.

1

겉

옆면 1단은 모두 헤링본 크로셰 겉뜨기로 뜬다. 단의 첫째와 마지막 코의 머리에 마커를 걸고, 첫코에 빼뜨기를 한 뒤 편물을 돌려 방향을 바꾼다.

※원통형으로 뜰 경우 안뜨기의 단은 편물을 돌려가며 뜨기 때문에 마지막 빼뜨기 위치를 알아보기 어려우므로 마커를 걸어두는 것이 좋다.

2

안으로 돌린 상태.

3

사슬 1코로 기둥코를 세우고, 실을 바늘 앞쪽으로 놓은 뒤 바늘을 편물 뒤에서 아랫단 마지막 코의 머리에 화살표 모양으로 넣는다.

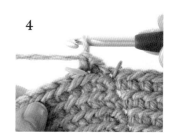

4

짧은뜨기 안뜨기(P.27 **13~17** 참조)를 한다.

5

마커를 방금 뜬 코로 옮긴다.

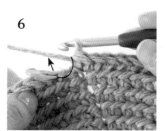

6

2번째 코부터는 헤링본 크로셰 안뜨기(P.27~28, **18~23** 참조)를 도안대로 뜬다. 마지막 코까지 뜨고 나서 1번째 코의 머리에 앞쪽에서 바늘을 넣는다.

7

실을 걸어서 빼뜨기를 한다. 2단 완성.
※아랫단의 첫코에 걸어둔 마커도 새로 뜬 코에 옮긴다.

실 바꾸는 법 ※실 색상 변경은 단의 마지막 빼뜨기에서 한다.

헤링본 크로셰 안뜨기 단을 마지막 코까지 뜬 다음, 교체할 실로 바꿔 잡는다. 뜨던 실은 바늘 앞에 둔다.

새로 뜰 코의 머리에 앞쪽에서 바늘을 넣어 교체할 실을 걸고, 기존 실의 아래로 통과시켜 빼뜨기를 한다.

빼뜨기 한 상태. 사슬 1코를 기둥코로 세우고, 편물을 앞으로 돌려 겉면이 나오게 한다.

교체한 실로 헤링본 크로셰 겉뜨기를 한다. 마커는 각각의 코를 뜰 때마다 옮긴다.

헤링본 크로셰 편물의 겉과 안

◇ 겉 ◇

지그재그 무늬가 늘어서 있다.

◇ 안 ◇

단마다 줄이 남는다.

p. 클러치 백

똑바로 뜨기만 하면 끝

장방형 편물의 양쪽을 막고,
끈으로 돌돌 마는 심플한 모양새다.
가벼운 태사로 뜨면
헤링본 코의 입체감이 멋지게 표현된다.

Design◆Ha-Na
Yarn◆하마나카 캐나디안 3S 《트위드》
How to make◆p.80

Q. 2색으로 변화를 준
마르셰 백

심플한 사다리꼴 백.
강약이 있는 투톤 컬러로 생동감 있게 연출했다.
살짝 톡톡하고 견고한 편물에
다른 소재의 손잡이를 매치해서
세련된 인상을 준다.

Design◆Ha-Na
Yarn◆하마나카 오브 코스 빅
How to make◆p.82

Crocodile Stitch
크로커다일 스티치

한길긴뜨기의 입체적인 프릴이 연속되는 모양이다. 2단에 1개의 프릴을 완성한다.
다음 단의 모양을 반씩 비키며 떠서 볼륨을 한층 풍성하게 연출할 수 있다.

작품◆P.33

◇ Swatch ◇

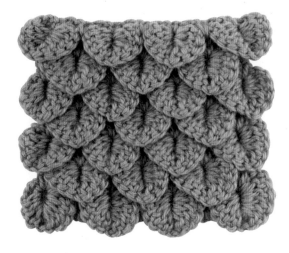

◇ Pattern ◇

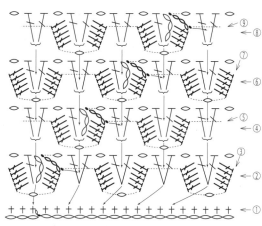

◇ Point Lesson ◇

※원통형으로 뜬다.

1
1단은 짧은뜨기, 2단은 '한길긴뜨기 2코 뜨기'와 사슬 1코를 도안 기호대로 뜬다. 3단은 사슬 3코를 기둥코로 세운다.

2
바늘에 실을 걸어, 그림 1의 화살표와 같이 아랫단의 한길긴뜨기 다리를 다발로 주워 한길긴뜨기를 한다. 한길긴뜨기의 뒷면이 편물의 겉면이 된다.

3
같은 요령으로 아랫단의 한길긴뜨기 다리를 다발로 주워, 위에서 아래로 한길긴뜨기를 4코 뜬다(기둥코를 포함해서 총 5코).

4
사슬 1코를 뜬 다음 한길긴뜨기 5코를 이번에는 반대쪽 한길긴뜨기 다리에서 아래에서 위쪽으로 다발로 주워가면서 뜬다. 프릴 1개 완성.

뜨는 방향

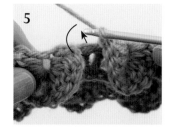

5
이후는 도안 기호대로 프릴을 뜬다. 마지막은 첫 번째 프릴(기둥코의 3번째)과 아랫단의 V자 모양을 다발로 주워 빼뜨기 한다.

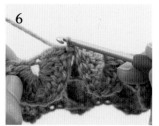

6
빼뜨기를 한 상태. 3단을 완성했다.

7
4단은 전전 단의 한길긴뜨기 2코 사이에 바늘을 넣어 주워가며, 2단과 같은 요령으로 뜬다.

8
5단은 3단과 동일한 방법으로 프릴을 뜬다. 이후 과정을 반복한다.

Crocodile Stitch
크로커다일 스티치

R. 멜란지 컬러로 즐기는
복주머니 백

프릴이 풍성한 개성 넘치는 백으로,
주머니 입구의 실을 당기면 둥글게
오므라드는 복주머니 모양이 된다.
그러데이션 실을 사용해 생동감이 넘친다.

Design◆니시무라 도모코
Yarn◆스키 울 실 스키 네주·스키 태즈
메이니안폴워스
How to make◆p.84

33

Crochet Turkish Lif

리프뜨기

리프뜨기(재스민뜨기라 부르기도 한다–옮긴이)의 '리프'는 섬유, 수세미라는 뜻의 터키어로, 보디 타월에 사용하는 터키 전통 뜨개법이다.
꽃 같은 모양이 이어지고, 긴뜨기 구슬뜨기와 비슷한 것이 특징이다. 리프뜨기 2코 모아뜨기나 3코 모아뜨기로 응용도 가능하다.

작품◆P.37

◆ Swatch ◆ 　　　　　　　　　　　　◆ Pattern ◆

　　　　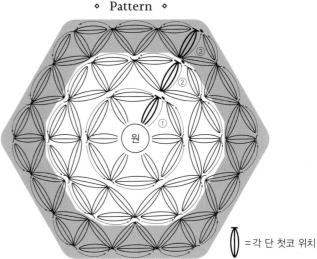

= 각 단 첫코 위치

◆ Point Lesson ◆

※알아보기 쉽도록 실 색상은 작품과 달리했다.　※많은 코를 바늘에 걸어서 뜨므로 바늘 축이 긴 것이 편하다.

원형의 시작코에서 뜨기　※S. 방석의 시작코

리프뜨기

1 사슬뜨기 시작하는 방법으로 조금 크게 고리를 만들어 실을 걸어서 뺀다.

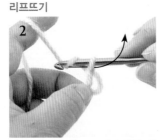

2 시작코가 생겼다(1코로 세지 않음). 한 번 더 바늘에 실을 걸어, 사슬 3코의 높이로 뺀다.

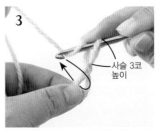

3 다시 실을 걸어 고리 안에 바늘을 넣는다.

사슬 3코 높이

4 실을 걸어 사슬 3코의 높이로 뺀다.

5 3~4와 똑같이 한 번 더 실을 걸어서 고리 안에 바늘을 넣어, 실을 걸고 사슬 3코 높이로 뺀다. 이것을 2회 반복한다.

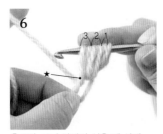

6 총 3회. 고리 안에서 실을 뺀 상태.

7 뜨고 있던 실을 포함해서 밑동(★)을 왼손으로 꽉 잡고, 실을 걸어서 바늘에 걸린 실을 한 번에 뺀다.

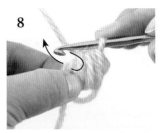

8 7에서 만든 밑동 위의 고리 사이로 바늘을 넣는다.

9

실을 걸어서 뺀다.

10

한 번 더 실을 걸어서 뺀다(사슬을 뜬다).

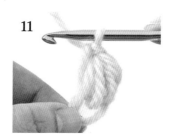

11

리프뜨기 1코 완성.

리프뜨기 2코 모아뜨기

12

바늘에 걸린 코를 사슬 3코 높이로 당기고, 실을 걸어서 9에서 생긴 코 머리(10의 ●)에 바늘을 넣어, 3~6과 동일하게 3회 실을 뺀다.

13

3회 실을 뺀 상태(미완성 리프뜨기). 다시 실을 걸어, 고리 안에 바늘을 넣어 3~6과 똑같이 3회 실을 뺀다.

14

3회 실을 뺀 상태(미완성 리프뜨기 2코). 7과 같이 실의 밑동을 왼손으로 꽉 잡고 단번에 빼낸다.

15

8과 같이 14에서 만든 밑동 위의 고리 사이로 바늘을 넣어 실을 걸어서 뺀다.

16

사슬 1코를 뜬다. 리프뜨기 2코 모아뜨기를 한 상태. 이어서 12~15와 동일하게 리프뜨기 2코 모아뜨기를 4회 뜬다.

17

리프뜨기 1코와 리프뜨기 2코 모아뜨기 5코를 합해서 총 6코를 완성하면, 맨 처음 만든 고리의 실 끝을 당겨서 조여준다.

18

7번째 코는 6번째 코의 머리에 리프뜨기를 하지만, 마지막 코의 실을 빼기 전에 첫 번째 코 머리의 실 2가닥을 주워(1), 뜨고 있던 실의 밑동 위로 생긴 공간(2)에 바늘을 넣는다.

19

정리해서 한 번에 뺀다.

20

1단을 완성한 상태. 바늘에 걸린 코를 빼서 10cm 정도 남기고 실을 자른다.

실을 바꿀 경우

21

아랫단의 첫 번째 코 머리에 바늘을 넣어 새로 실을 걸어서 뺀다.

22

새로운 실을 연결했다. 한 번 더 실을 걸어서 뺀다(사슬을 뜬다).

23

사슬 3코 높이로 당기고, 한 번 더 바늘을 걸어서 같은 곳(아랫단 첫코 머리)에 바늘을 넣어서 리프뜨기를 한다.

24

2단의 첫코를 뜬 상태.

35

리프뜨기 3코 모아뜨기

25

12와 동일하게 2코째 미완성 리프뜨기를 하고, 23과 같은 곳에 바늘을 넣어 미완성 리프뜨기를 한 번 더 뜬다.

26

미완성 리프뜨기 2코를 떴으면, 한 번 더 바늘에 실을 걸어서, 아래 1단의 2번째 코에 바늘을 넣어서 미완성 리프뜨기를 1코 더 뜬다.

27

미완성 리프뜨기 3코를 떴으면 7~9와 같이 뺀다.

28

사슬을 1코 뜬다. 리프뜨기 3코 모아뜨기를 한 상태. 이어서 리프뜨기의 2코 모아뜨기와 3코 모아뜨기가 교차하게 도안의 기호대로 뜬다.

29

마지막 코는 18~19와 동일하게 뜬다. 2단을 완성한 상태. 3단 이후도 도안 기호대로 뜬다.

Point

평소 코바늘 잡는 방법으로 뜨기 어려울 경우 바늘을 위에서 잡으면 더 뜨기 편하다.

리프뜨기 시작코를 원형으로 뜨기 ※Ⅰ. 컵 홀더 시작코

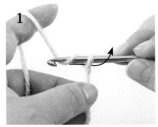

1

사슬 1코를 뜨고 사슬 3코 높이로 실을 뺀다.

2

실을 걸어서 맨 처음 사슬코에 바늘을 넣어 실을 빼고(3회 반복) P.34~35의 6~11과 같이 리프뜨기를 1코 뜬다.

3

리프뜨기를 1코 뜬 상태.

4

바늘에 걸린 코를 사슬 3코 높이로 빼고, 실을 걸어서 첫코의 머리에 바늘을 넣어 리프뜨기를 한다. 이것을 필요한 콧수만큼 반복해서 뜬다.

5

마지막 코의 마지막 실을 빼기 전에 맨 처음 뜬 사슬코를 줍고 나서(1), 뜨고 있던 실의 밑동 위로 생긴 공간(2)에 바늘을 넣는다.

6

정리해서 한 번에 뺀다.

7

리프뜨기의 시작코를 원형으로 완성한 상태.

8

실을 걸어 사슬 3코 높이로 실을 뺀다.

9

실을 걸어서 맨 처음 사슬코에 바늘을 넣어 리프뜨기를 한다.

10

1단의 리프뜨기 1코를 뜬 상태. 계속해서 도안 기호대로 뜬다.

S. 톡톡해서 만족감 최고
방석

원형코로 뜨기 시작하는 방식이다.
심플하게 두 가지 색으로
깜찍하게 완성한 육각형 방석.
극태사라 폭신폭신, 앉았을 때 느낌도 굿!

Design◇세바타 야스코
Yarn◇하마나카 멘즈 클럽 마스터
How to make◇p.86

I. 그러데이션 실로 매력적인 컬러 연출
컵 홀더

도톰하게 완성하는 리프뜨기는
열 방출을 막아 보온 효과가 뛰어나다.
그러데이션 실을 사용하면 색색의 줄무늬도
손쉽게 표현할 수 있다.

Design◇세바타 야스코
Yarn◇하마나카 알파카 엑스트라
How to make◇p.87

Reversible Crochet
리버서블 크로셰

편물의 겉면과 뒷면을 다른 모양으로 완성하는 리버서블 크로셰.

이중으로 완성하는 편물로서 양면을 교대로 뜬다.

뜨는 법은 사슬뜨기, 짧은뜨기, 한길긴뜨기가 중심이라 어렵지 않지만

코를 줍는 방법이나 편물을 돌리는 방법, 떠나가는 진행 순서에 소소하게 요령이 있다.

Reversible Crochet 1
리버서블 크로셰 1

작품◆P.42, 43

◇ Swatch ◇   ◇ Pattern ◇

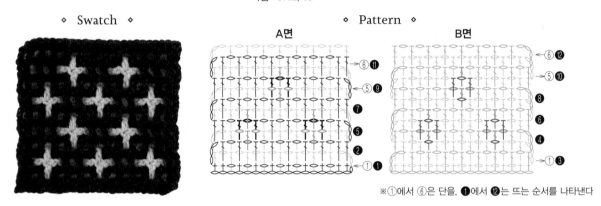

※①에서 ⑥은 단을, ❶에서 ⑫는 뜨는 순서를 나타낸다

양면 모양을 방안뜨기로 만드는 방법이다. A면과 B면을 각각 1단씩, 교대로 떠간다. 틈새 위치를 앞뒤로 빗겨가도록 하고, 그 틈새에 뒷면 실로 코를 넣어 떠나가면서 기하학적인 모양을 만든다.

Reversible Crochet 2
리버서블 크로셰 2

작품◆P.45

◇ Swatch ◇   ◇ Pattern ◇

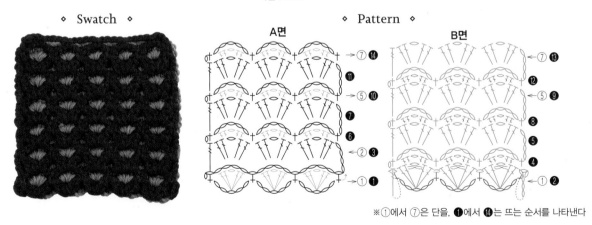

※①에서 ⑦은 단을, ❶에서 ⑭는 뜨는 순서를 나타낸다

앞뒤 편물을 겹쳐서 부채 모양을 뜬다. A면과 B면을 각각 2단씩 교대로 떠간다. 부채 모양을 떠 넣는 위치에서 다른 쪽 면의 사슬을 주워서 떠나가는 형태로 이중 편물을 완성한다.

Point Lesson ◇ 리버서블 크로셰 1

※과정은 A면을 A색·진갈색, B면을 B색·베이지색으로 한다.

1

A면을 A색으로 2단 뜬다. 바늘을 빼고, 코가 풀리지 않도록 마커를 달아둔다.

2

B면을 B색으로 1단 뜨고, 2단의 기둥코로 사슬 3코를 뜬 뒤 겉으로 뒤집는다.

3

도안 기호대로 B면에 사슬 1코·한길긴뜨기 1코·사슬 1코(B면 2~4번째 코)를 뜬다. 다음은 A면, B면을 맞대어 잡고, 각각 5번째 코를 주워 뜬다.

※알아보기 쉽게 다음에 주울 코에 마커를 달아둔다.

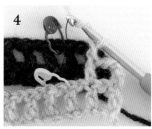

4

바늘에 실을 걸어, 우선 A면 5번째 코의 사슬을 다발로 줍는다. 바늘은 화살표처럼 뒤에서 넣는다.

※다발로 줍다……아랫단 사슬 아래 공간에 바늘을 넣어, 사슬을 전부 감싸는 모양으로 코를 줍는 것.

5

바늘을 넣은 모습.

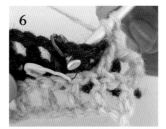

6

B면 5번째 코의 한길긴뜨기 머리를 줍는다. 바늘은 화살표와 같이 앞쪽에서 넣는다.

7

바늘을 넣은 모습.

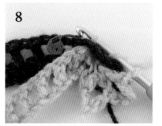

8

그대로 바늘 끝을 A면 뒤로 뺀다.

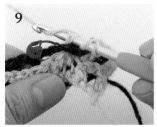

9

바늘에 실을 걸어 한길긴뜨기를 한다.

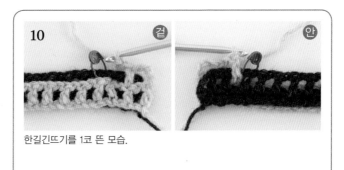

10 겉 / 안

한길긴뜨기를 1코 뜬 모습.

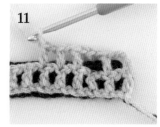

11

6~12번째 코는 도안 기호대로 B면만 뜬다.

12 겉 / 안

13번째 코는 **4~10**과 동일하게 한길긴뜨기를 한다.

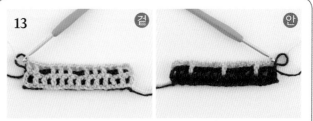

13 겉 / 안

도안 기호대로 지정한 위치에서 **4~10**과 동일하게 한길긴뜨기를 뜨면서 마지막까지 간다. B면의 2단 완성.

14

B면 코에서 바늘을 빼고 풀리지 않도록 마커를 달아둔다. A면에서 쉬고 있던 코에 바늘을 다시 끼워 기둥코 사슬 3코를 뜬다.

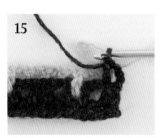

15

편물을 돌려, 도안 기호대로 A면에 한 길긴뜨기 1코·사슬 1코(A면의 2~3번째 코)를 뜬다.

16

4번째 코는 바늘에 실을 걸어, 먼저 B면의 4번째 코의 사슬을 다발로 줍는다. 바늘은 화살표처럼 뒤에서 넣는다.

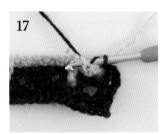

17

바늘을 넣은 모습.

18

A면 4번째 코인 한길긴뜨기의 머리를 줍는다. 바늘은 화살표처럼 앞쪽에서 넣는다.

19

그대로 바늘 끝을 B면 뒤쪽으로 빼고, 바늘에 실을 걸어 한길긴뜨기를 한다.

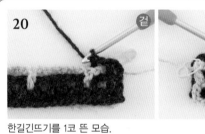

20 겉 안

한길긴뜨기를 1코 뜬 모습.

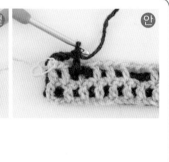

21 겉 안

사슬 1코를 뜨고, **16~20**과 동일하게 6번째 코인 한길긴뜨기를 뜬다.

22

7~11번째 코는 도안 기호대로 A면에만 뜬다.

23

7~11번째 코를 뜬 모습.

24 겉 안

도안 기호대로 지정한 위치에서 **16~20**과 동일하게 한길긴뜨기를 마지막까지 떠간다. A면의 3단 완성. A면의 코에서 바늘을 빼고 풀리지 않도록 마커를 달아둔다.

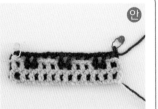

25

B면의 쉬고 있던 코에 바늘을 다시 넣고 기둥코 사슬 3코를 뜬다.

26

편물을 돌려서, 도안 기호대로 B면에 사슬 1코·한길긴뜨기 1코·사슬 1코(B면 2~4번째 코)를 뜬다. B면 아랫단의 5번째 코는 A면 쪽에 나와 있으므로 그 한길긴뜨기 머리에 바늘을 넣어 한길긴뜨기를 한다.

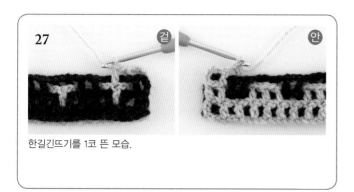

27 겉 / 안

한길긴뜨기를 1코 뜬 모습.

28

동일한 방법으로 도안의 기호대로 마지막까지 뜬다. B면 3단을 완성. B면의 코에서 바늘을 빼고 풀리지 않도록 마커를 단다.

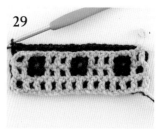

29

A면 4단은 도안대로 A면에만 한길긴뜨기 1코·사슬 1코를 반복해서 뜬다. A면 4단을 완성한 모습.

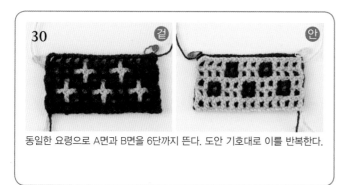

30 겉 / 안

동일한 요령으로 A면과 B면을 6단까지 뜬다. 도안 기호대로 이를 반복한다.

원통형으로 뜰 때 포인트

리버서블 크로셰 1은 원통형의 경우도 왕복뜨기를 하지만, 단이 바뀌는 부분이 다음 무늬에 걸치지 않도록 기둥코 위치를 빼뜨기로 이동해서 뜬다.

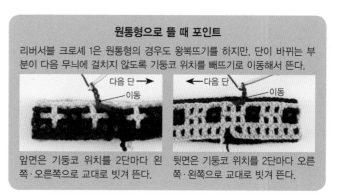

다음 단 → / 이동 / ← 다음 단 / 이동

앞면은 기둥코 위치를 2단마다 왼쪽·오른쪽으로 교대로 빗겨 뜬다.

뒷면은 기둥코 위치를 2단마다 오른쪽·왼쪽으로 교대로 빗겨 뜬다.

── 색상 배색 ──

색상을 선택할 때는 A면과 B면 색상에 강약을 주는 것이 요령.

◇ 비비드 ◇   ◇ 내추럴 ◇   ◇ 톤온톤 ◇

A면

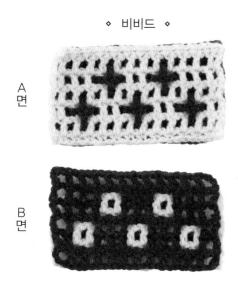

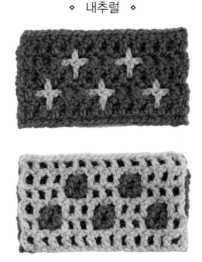

B면

한쪽 면을 진하고 선명한 색으로 한 경우 다른 한쪽은 깔끔한 오프화이트로 하면 경쾌하고 임팩트 있는 분위기를 완성한다.

내추럴한 대지의 컬러는 따뜻하고 편안한 분위기를 연출한다. 함께 배색하는 옅은 색상은 흰색보다 베이지가 잘 어울린다.

한 가지 색상을 농담을 달리해서 배색하는 패턴은 현대적이면서 실패가 없다. 모노톤이나 차가운 색 계열은 유니섹스한 느낌을 준다.

U. 북유럽풍 컬러가 세련된
블랭킷

베이지×블루그린을 배색한
북유럽 컬러 블랭킷.
앞면과 뒷면 무늬가 달라도
각각 동일한 패턴이 반복되기 때문에
한번 익히면 술술 떠나갈 수 있다.

Design◇요코야마 가요미
Yarn◇DARUMA 세틀랜드 울
How to make◇p.88

V. 감는 법에 따라 표정이 달라지는
쇼트 스누드

블랭킷 무늬를 원통형으로 뜬 스누드이다.
어느 면을 주로 사용할지는
각자 취향에 따라 선택할 수 있다.
살짝 보이는 뒷면의 문양까지 매우 멋지다.

Design◇요코야마 가요미
Yarn◇DARUMA 공기를 섞어 만든 울 알파카
How to make◇p.90

Point Lesson ◆ 리버서블 크로셰 2

※과정은 A면을 A색·연갈색, B면을 B색·빨간색으로 한다.
※처음 토대가 되는 단만 2단마다 반복되는 무늬와 다르므로 주의.

부채 모양은 A면 사슬코를 갈라서 뜬다.

1

A면 1단은 A색으로 뜬다. 바늘에 걸린 코를 길게 늘려놓고 바늘을 빼 쉬게 한다.
※풀리지 않도록 쉬는 코엔 마커를 달아두면 좋다.

2

B면 1단을 뜬다. 먼저 **1**의 ★(첫코로 뜬 짧은뜨기 머리)에 B색 실을 연결한다.

짧은뜨기 머리

3

B색으로 기둥코인 사슬 4코를 뜨고, A면의 사슬을 가르면서 주워 도안 기호대로 1단을 뜬다. 마지막은 바늘을 빼고 바늘에 걸린 코를 길게 늘려놓고 쉬게 한다.

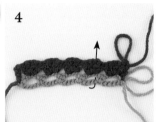

4

편물을 **3**의 화살표와 같이 돌린다. A면이 위에 오도록 아래위가 바뀌게 편물을 뒤집는다.

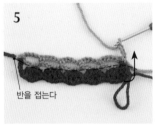

5

반을 접는다

쉬고 있던 A면 코에 바늘을 넣어 조이고 기둥코인 사슬 4코를 뜬다. 편물은 A면과 B면이 겹치도록 반을 접는다.

6

A면의 2단을 뜬다. 바늘에 실을 걸어 시작코(A면) 사슬과 B면 부채 모양의 중앙에 있는 사슬을 다발로 줍는다.
※다발로 줍는다……P.39 과정 **4** 참조.

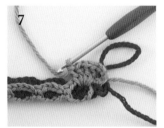

7

그대로 한길긴뜨기를 한다. 이어서 한길긴뜨기 1코·사슬 1코·한길긴뜨기 2코를 같은 위치에 떠 부채 모양을 만든다.

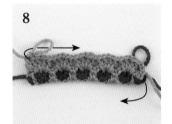

8

6~7과 동일하게 도안 기호대로 끝까지 뜬다. 마지막엔 바늘을 빼고 걸린 코를 길게 늘려서 쉬게 한다. 화살표대로 편물을 뒤집는다.

9

B면의 2단을 뜬다. 쉬고 있는 B면의 코에 바늘을 걸어 기둥코 사슬 1코를 뜬다. 화살표대로 편물을 돌린다.

10

아래로 놓는다

B면을 뜨기 쉽도록 A면을 아래쪽에 두고(몸 쪽을 향하도록 눕힌다) 짧은뜨기 1코를 한다.

11

이어서 사슬 5코를 뜨고 아랫단 부채 모양의 사이 공간에 바늘을 넣어, 감싸 올리듯 짧은뜨기 1코를 뜬다.

12

마지막은 다발로 줍는다

11과 같은 요령으로 마지막까지 뜬다. 마지막 짧은뜨기는 아랫단의 사슬을 다발로 줍는다.

13

위쪽으로 돌린다

B면의 3단을 뜬다. 먼저 사슬 4코로 기둥코를 세우고, 편물을 돌린다. A면이 위로 오게 한다.

14

6~7과 동일한 요령으로, B색으로 부채 모양을 뜬다.

15

부채 모양을 뜰 때 A면의 사슬도 함께 떠나가면서 도안 기호대로 마지막까지 뜬다. 마지막은 바늘을 빼고 걸린 코를 늘려서 쉬게 한다.

16

이후는 **9~15**와 동일한 요령으로 A면과 B면을 2단씩 교대로 떠나간다.

W. 안쪽까지 세련된
플랩 클러치 백

무늬를 이중으로 연출한 리버서블 편물을
2번 접어서 간단히 만들 수 있다.
덮개를 열면 색이 다른 무늬가 안쪽에 나타난다.
속까지 자랑하고 싶어지는 디자인이다.

Design◇이마무라 요코
Yarn◇하마나카 엑시드 울L《병태》
How to make◇p.92

Bullion Stitch
코일뜨기

바늘에 실을 여러 번 감아서 한 번에 빼는 코일뜨기. 감아뜨기라고도 하며,
자수의 불리언 스티치와도 비슷한 뜨개 방법이다. 개성적인 텍스처를 모티브나 레이스뜨기에 응용할 수 있다.

작품◆P.47

◆ Swatch ◆

◆ Pattern ◆

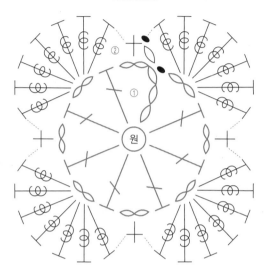

◆ Point Lesson ◆

1
1단을 뜨고 마지막 빼뜨기에서 실 색깔을 바꾼다. 2단은 짧은뜨기 1코를 뜨고 나서, 바늘을 화살표같이 움직여 실을 감는다.

2
바늘에 10회 실을 둘러 감은 모양. 이어서 화살표처럼 아랫단의 사슬을 다발로 주워서 바늘을 넣는다.
※다발로 줍는다……P.39 과정 **4** 참조.

3
실을 걸어서 뺀다.

4
실을 빼낸 모습.

5
바늘에 실을 걸어서 바늘 끝의 고리 2개를 뺀다.

6
그대로 바늘에 감긴 실을 1가닥씩 천천히 빼낸다.

7
감긴 실을 모두 빼 바늘에 고리가 총 2개 남은 상태까지 간다. 다시 실을 걸어서 한 번에 고리를 뺀다. 코일뜨기 1코를 뜬 상태.

8
작품은 **1~7**과 동일하게 도안 기호대로 코일뜨기 7코를 한다. 꽃잎 1장을 뜬 모습. 이것을 반복한다.

Bullion Stitch
코일뜨기

X.
모티브 1장으로 초간단
브로치

코일뜨기로 꽃잎을 연출한 입체적인 팬지.
1개만으로도 인상적인 브로치가 된다.
줄기와 잎사귀를 추가해
한층 생동감 있게 완성했다.

Design◇이나바 유미
Yarn◇하마나카 아프리코
How to make◇p.75

Y.
성글게 뜬 무늬가 악센트
금속 프레임 백

X의 팬지 모티브를
클래식한 레이스뜨기로 응용한 작품이다.
단색으로 고급스럽게 완성해
손잡이가 있는 금속 프레임에 매치했다.

Design◇이나바 유미
Yarn◇하마나카 아프리코
How to make◇p.94

작품에 사용한 실

모양을 멋지게 완성하기 위해서는 실 선택도 중요하다.
실 소재나 형태의 차이에서 생기는 편물의 특색을 즐겨보자.

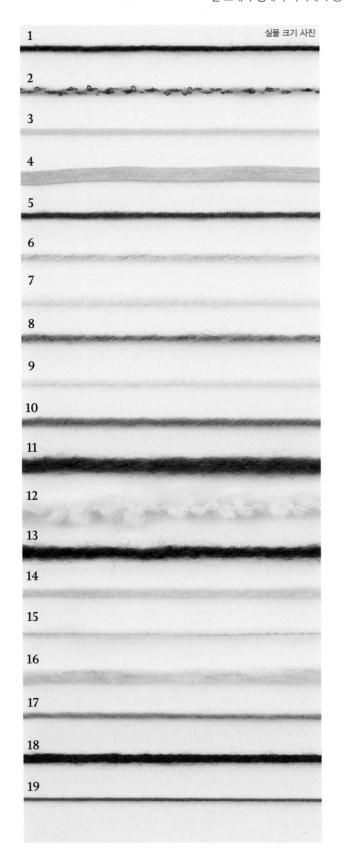

실물 크기 사진

◇스키 울 실

1 **스키 태즈메이니안폴워스** : 호주 태즈메이니아섬에서 생산한 귀중한 폴워스종 양모를 100% 사용한 실. 1타래 40g(약 134m) 전 28색.

2 **스키 네주** : 작고 컬러풀한 루프 실을 부드러운 기모 실로 이중 커버한 의장사(색실의 굵기, 길이, 색 등을 달리하여 표면에 변화를 준 실-옮긴이). 1타래 30g(약 115m) 전 9색.

◇DARUMA

3 **iroiro** : 50가지 컬러 베리에이션이 매력인 울 실. 실타래가 작아 소품을 만들기에 알맞다. 1타래 20g(약 70m) 전 50색.

4 **GIMA** : 코튼리넨을 마와 같은 촉감으로 가공한 테이프 모양의 실. 1타래 30g(약 46m) 전 7색.

5 **야와라카 라무** : 램스 울에 소프트 아크릴을 섞었다. 가볍고 수축이 적은 스트레이트 실. 1타래 30g(약 103m) 전 32색.

6 **공기를 섞어 만든 울 알파카** : 실 표면이 파일 상태인 가벼운 실. 메리노 울 80%, 로열베이비 알파카 20%. 1타래 30g(약 100m) 전 10색.

7 **포클랜드 울** : 장력과 탄성이 특징인 포클랜드 울에 베이비 알파카의 부드러움을 더한 실. 1타래 50g(약 85m) 전 5색.

8 **셰틀랜드 울** : 부드럽고 광택이 있는 셰틀랜드 울 100% 실. 탄력성, 내구성도 최고. 1타래 50g(약 136m) 전 11색.

◇하마나카

9 **소노모노 《합태》** : 온기가 있는 내추럴 컬러의 울 실. 대바늘은 물론 코바늘의 무늬뜨기에도 사용하기 좋다. 1타래 40g(약 120m) 전 5색.

10 **아메리** : 뉴질랜드 메리노 울에 아크릴을 섞은 실. 탄력성, 보온성이 우수하다. 1타래 40g(약 110m) 전 38색.

11 **오브 코스 빅** : 가볍고 촉감이 좋은 매력적인 장점을 가진 초극태사. 니트 외투나 목도리, 모자 등에 제격. 1타래 50g(약 44m) 전 20색.

12 **소노모노 루프** : 울에 알파카를 섞어 보다 소프트하게 만든 루프 실. 부피감 있게 만들고 싶은 작품에 알맞다. 1타래 40g(약 38m) 전 3색.

13 **멘즈 클럽 마스터** : 소품에서 스웨터까지 범용성이 우수한 극태사. 관리가 편한 워셔블 타입. 1타래 50g(약 75m) 전 30색.

14 **후가 《solo color》** : 꼬임 있는 단색 울 실을 릴리안 상태로 만든 실. 실이 잘 갈라지지 않고, 뜨기 편리한 병태사 타입. 1타래 40g(약 120m) 전 11색.

15 **알파카 모헤어 파인** : 앙고라산양과 파인 알파카를 사용한 질이 좋은 모헤어 실. 가볍게 완성되는 것이 매력. 1타래 25g(약 110m) 전 25색.

16 **캐나디안 3S 《트위드》** : 카우첸 안을 절반 두께로 만든 로빙 실(조방사. 가늘게 늘여서 꼰 실-옮긴이). 컬러풀한 3색의 보푸라기가 깜찍하다. 1타래 100g(약 102m), 전 8색.

17 **알파카 엑스트라** : 베이비 알파카를 사용한 로빙 실. 그러데이션 표현이 재미있는 합태사 타입. 1타래 25g(약 96m), 전 17색.

18 **엑시드 울L 《병태》** : 엑스트라 파인 메리노를 사용해 범용성이 뛰어난 병태 타입 실. 색상도 다양하다. 1타래 40g(약 80m) 전 39색.

19 **아프리코** : 낭창낭창하고 광택이 돋보이는 스피마면을 사용한 코튼 실. 사계절 폭넓게 쓰인다. 1타래 30g(약 120m) 전 28색.

문의처 :
株式会社元廣(스키 울 실) http://www.skiyarn.com
橫田株式会社(DARUMA) http://www.daruma-ito.co.jp
ハマナカ株式会社(하마나카) http://www.hamanaka.co.jp

How to make

작품은 뜨는 사람에 따라 개인차가 있다.
표기된 사이즈나 게이지를 참고하면서 짜임 상태에 맞춰
바늘 호수와 실 분량을 적절히 조절한다.
4~47페이지에서 작품마다 소개한 모양의 특징이나
뜨는 방법 Point Lesson을 함께 참고하도록 하자.

※특정하지 않은 도안의 일반적인 숫자 단위는 cm이다.
※뜨는 방법의 기초는 97페이지부터 소개하는 베이식 테크닉 가이드를 참조하자.
※사용한 실, 사용 색상은 품절될 수 있다.

A 지퍼 파우치

P.6

재료와 도구
하마나카 소노모노 《합태》 오프화이트(1) 120g,
30cm 지퍼 1개, 금속 연결 고리·금속 오링 각 1개,
내장용 원단 32×48cm, 모사용 코바늘 6/0호

완성 사이즈
가로 30cm 세로 24cm

게이지
모티브 한 변 길이 7.5cm

뜨는 법 포인트
◆ 1번째 모티브는 사슬 17코의 시작코를 만들고,
  도안과 같이 8단을 뜬다. 뜨는 방향에 주의해서
  2번째 장부터는 빼뜨기로 연결해가면서 뜬다.
◆ 모티브의 코를 주워서 양 둘레에 짧은뜨기 1단을
  뜬다.
◆ 본체를 겉끼리 마주 보게 반으로 접어서 빼뜨기
  잇기로 양 둘레를 잇는다. 이후 본체를 뒤집어
  겉면이 바깥으로 다시 나오게 한다.
◆ 입구 부분에 짧은뜨기 3단을 뜬다.
◆ 안감·태슬을 만들고, 완성도를 참조해서 마무
  리한다.

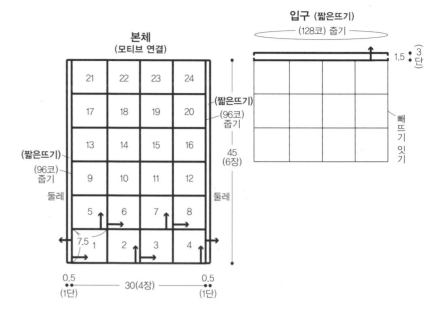

본체
(모티브 연결)

입구 (짧은뜨기)

(128코) 줍기

※모티브 안 숫자는 연결 순서
※뜨는 방향은 1~8을 반복

안감

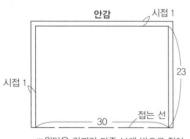

시접 1

23

시접 1

30   접는 선

※원단을 겉끼리 마주 보게 반으로 접어
양 둘레를 바느질하고, 입구의 시접을
안으로 접는다

모티브 24장

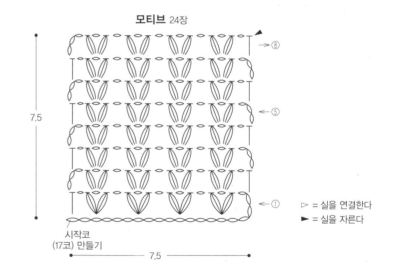

7.5

7.5

시작코
(17코) 만들기

▷ = 실을 연결한다
► = 실을 자른다

태슬 만드는 방법

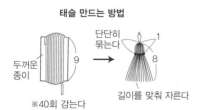

두꺼운
종이

9

단단히
묶는다

1

8

길이를 맞춰 자른다

※40회 감는다

완성도

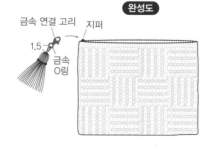

금속 연결 고리   지퍼

1.5

금속
오링

마무리 방법
① 본체 입구 안쪽에 지퍼를
   바느질해서 단다
② 안감을 만든다. 본체 안에 넣어서
   지퍼에 바느질해서 단다
③ 태슬을 만들고, 태슬 고리와 금속 연결 고리
   사이에 금속 오링을 끼워 연결한다.
   금속 연결 고리를 지퍼에 단다

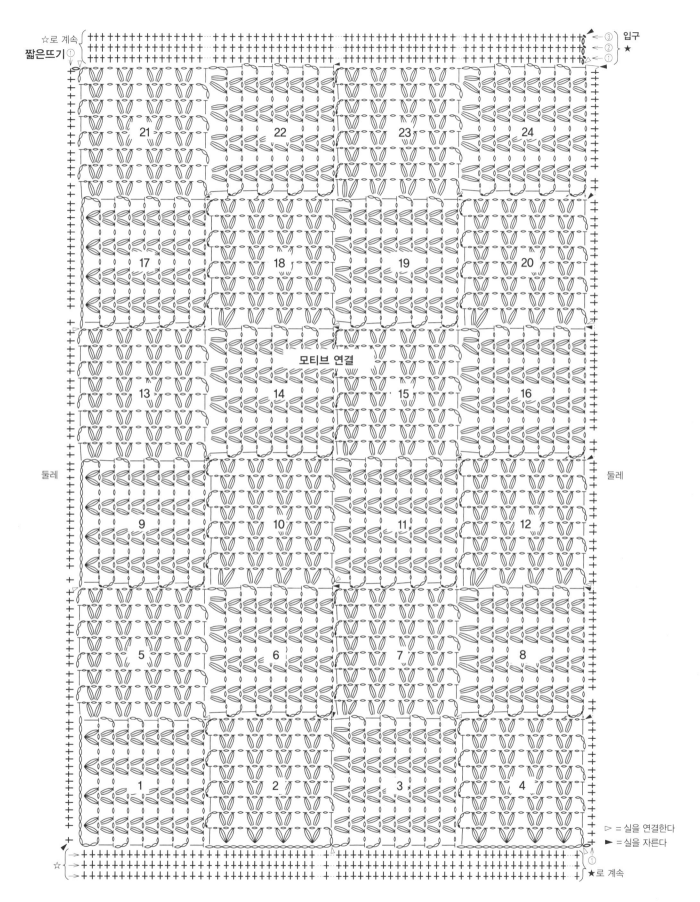

21 22 23 24

17 18 19 20

모티브 연결

13 14 15 16

둘레 둘레

9 10 11 12

5 6 7 8

1 2 3 4

▷ = 실을 연결한다
► = 실을 자른다

☆ ★로 계속 ①

B 무릎 담요
P.7

재료와 도구

DARUMA iroiro 빨강(37) 35g, 허니 베이지(3)·벽돌색(8)·브라우니(11)·클로버(26)·연녹색(27)·레몬(31) 각 25g, 피콕(16)·하늘색(20)·다크 그레이(48)·그레이(49) 각 20g, 모사용 코바늘 4/0호

완성 사이즈

가로 78cm 세로 45.5cm

게이지

모티브 한 변 길이 6.5cm

뜨는 법 포인트

◆ 첫 모티브는 사슬 17코로 시작코를 만들고 도안대로 8단을 뜬다.
◆ 배색·뜨는 방향에 주의하면서, 2번째 장부터는 옆 모티브에 빼뜨기로 연결해가면서 뜬다.

모티브 84장

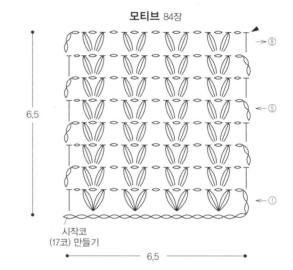

시작코
(17코) 만들기

6.5

본체
(모티브 연결)

73 그레이	74 하늘색	75 빨강	76 다크 그레이	77 피콕	78 빨강	79 그레이	80 하늘색	81 빨강	82 다크 그레이	83 피콕	84 빨강
61 브라우니	62 레몬	63 벽돌색	64 브라우니	65 레몬	66 벽돌색	67 브라우니	68 레몬	69 벽돌색	70 브라우니	71 레몬	72 벽돌색
49 연녹색	50 클로버	51 허니 베이지	52 연녹색	53 클로버	54 허니 베이지	55 연녹색	56 클로버	57 허니 베이지	58 연녹색	59 클로버	60 허니 베이지
37 다크 그레이	38 피콕	39 빨강	40 그레이	41 하늘색	42 빨강	43 다크 그레이	44 피콕	45 빨강	46 그레이	47 하늘색	48 빨강
25 레몬	26 벽돌색	27 브라우니	28 레몬	29 벽돌색	30 브라우니	31 레몬	32 벽돌색	33 브라우니	34 레몬	35 벽돌색	36 브라우니
13 클로버	14 허니 베이지	15 연녹색	16 클로버	17 허니 베이지	18 연녹색	19 클로버	20 허니 베이지	21 연녹색	22 클로버	23 허니 베이지	24 연녹색
1 그레이	2 하늘색	3 빨강	4 다크 그레이	5 피콕	6 빨강	7 그레이	8 하늘색	9 빨강	10 다크 그레이	11 피콕	12 빨강

45.5 (7장)

6.5

78(12장)

※모티브 안의 숫자는 연결 순서
※뜨는 방향은 1·2, 13·14 반복

모티브 개수표

색명	개수
피콕	6
하늘색	
다크 그레이	
그레이	
허니 베이지	8
벽돌색	
브라우니	
클로버	
연녹색	
레몬	
빨강	12

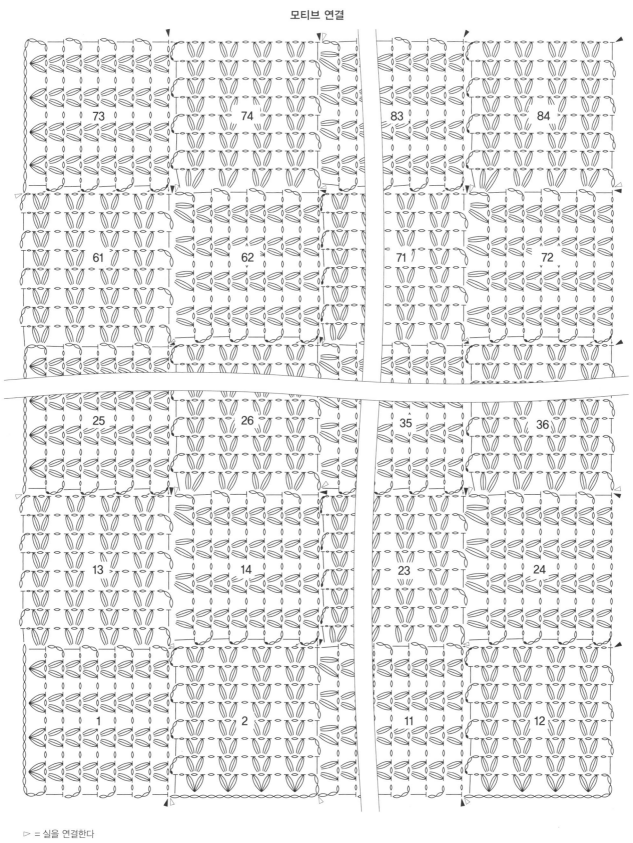

▷ = 실을 연결한다
► = 실을 자른다

C 그래니 백

P.8

재료와 도구
DARUMA GIMA 겨자색(4) 185g, 베이지(6) 50g,
모사용 코바늘 8/0호·7/0호

완성 사이즈
가로 48cm 세로 27cm(손잡이 제외)

게이지
10cm 평방에 무늬뜨기 문양
16코×6단

뜨는 법 포인트
◆ 본체는 사슬코 78코를 만들고, 1단을 뜬다. 배
색을 바꿔가면서 도안을 참조해 24단까지 뜬
다. 이어서 24코를 주워서 짧은뜨기를 10단까
지 뜬다. 시작코 쪽도 동일하게 10단 뜬다.
◆ 손잡이는 도안을 참조해 짧은뜨기로 6단 뜬다.
손잡이 바깥쪽과 안쪽을 지정한 위치에 빼뜨기
한다.

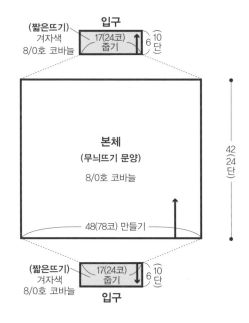

(짧은뜨기)
겨자색
8/0호 코바늘
입구
17(24코) 줍기
10(6) 단

본체
(무늬뜨기 문양)
8/0호 코바늘

42(24단)

48(78코) 만들기

(짧은뜨기)
겨자색
8/0호 코바늘
17(24코) 줍기
10(6) 단
입구

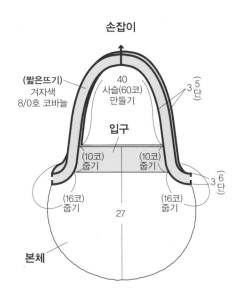

손잡이

(짧은뜨기)
겨자색
8/0호 코바늘
40
사슬(60코)
만들기
3(5단)

입구
(10코) 줍기 (10코) 줍기
3(6단)
(16코) 줍기 (16코) 줍기
27
본체

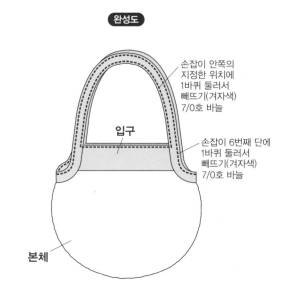

완성도

손잡이 안쪽의
지정한 위치에
1바퀴 둘러서
빼뜨기(겨자색)
7/0호 바늘

입구

손잡이 6번째 단에
1바퀴 둘러서
빼뜨기(겨자색)
7/0호 바늘

본체

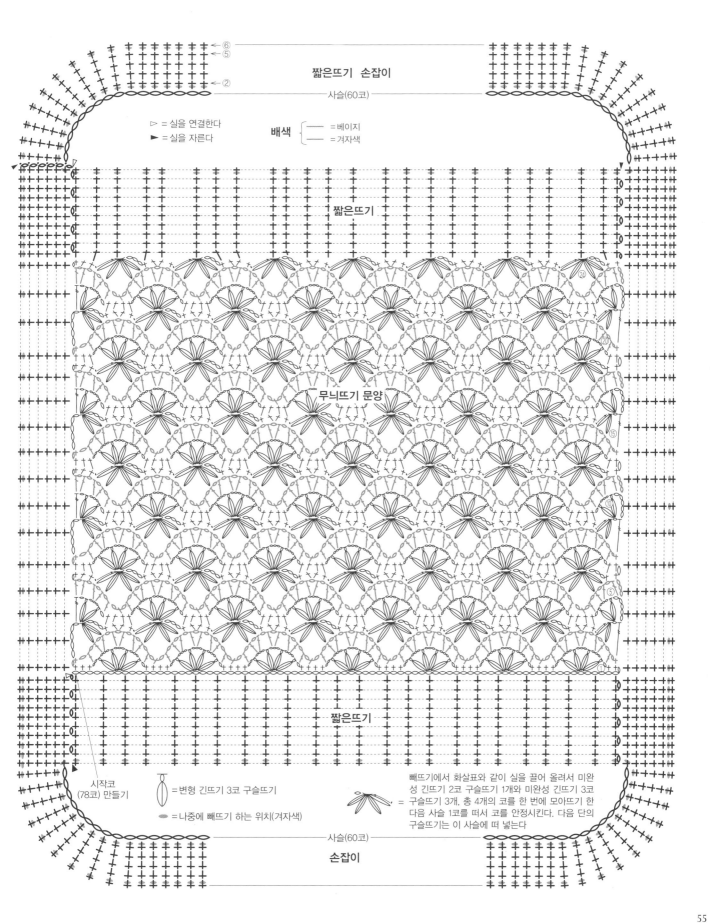

짧은뜨기 손잡이

사슬(60코)

▷ = 실을 연결한다
► = 실을 자른다

배색 { ── = 베이지
      ── = 겨자색

짧은뜨기

무늬뜨기 문양

짧은뜨기

시작코
(78코) 만들기

= 변형 긴뜨기 3코 구슬뜨기

= 나중에 빼뜨기 하는 위치(겨자색)

빼뜨기에서 화살표와 같이 실을 끌어 올려서 미완성 긴뜨기 2코 구슬뜨기 1개와 미완성 긴뜨기 3코 구슬뜨기 3개, 총 4개의 코를 한 번에 모아뜨기 한 다음 사슬 1코를 떠서 코를 안정시킨다. 다음 단의 구슬뜨기는 이 사슬에 떠 넣는다

사슬(60코)

손잡이

⑪ 삼각 숄

P.9

재료와 도구
DARUMA　야와라카 라무 오렌지색(26) 70g, 빨강(35) 60g, 핑크(31) 45g, 모사용 코바늘 6/0호

완성 사이즈
가로 110cm　세로 65cm

게이지
10cm 평방에 무늬뜨기 문양
1.65모양×9단

뜨는 법 포인트
◆ 본체는 시작코로 사슬 11코를 뜨고, 1단을 뜬다. 배색을 바꿔가면서 도안을 참조해서 양 끝에서 코를 늘려가면서 54단까지 뜬다. 이어서 테두리 뜨기로 1단을 뜬다.

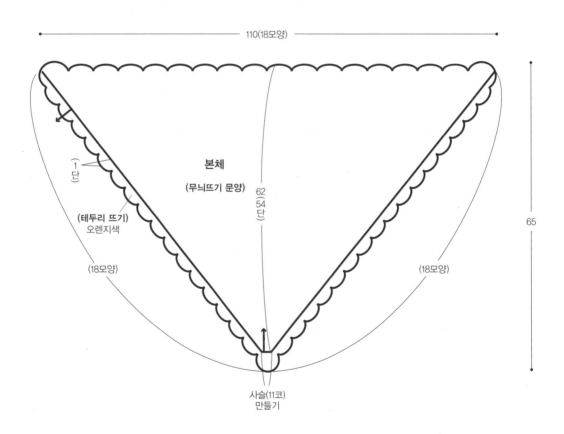

110(18모양)

본체
(무늬뜨기 문양)

1단

(테두리 뜨기)
오렌지색

(18모양)

(18모양)

62
(54
단)

65

사슬(11코)
만들기

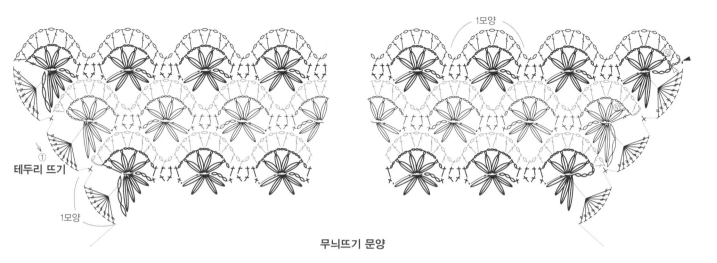

테두리 뜨기

1모양

무늬뜨기 문양

1모양

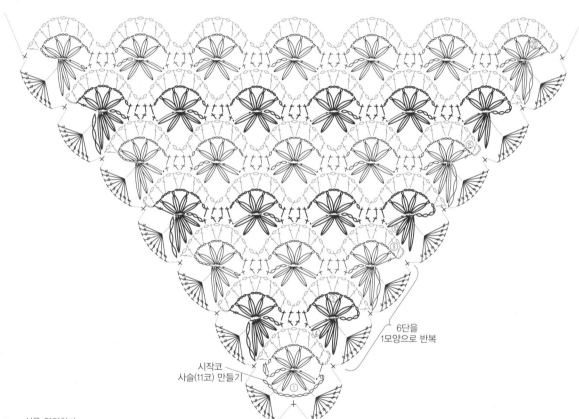

6단을
1모양으로 반복

시작코
사슬(11코) 만들기

▷ = 실을 연결한다
► = 실을 자른다

=변형 긴뜨기 3코 구슬뜨기

배색 {
= 빨강
= 핑크
= 오렌지색
}

 = 빼뜨기에서 화살표와 같이 실을 끌어 올려서 미완
성 긴뜨기 2코 구슬뜨기 1개와 미완성 긴뜨기 3코
구슬뜨기 3개, 총 4개의 코를 한 번에 모아뜨기 한
다음 사슬 1코를 떠서 코를 안정시킨다. 다음 단의
구슬뜨기는 이 사슬에 떠 넣는다

테두리 뜨기 코 줍는 위치

테두리 뜨기 ①

E 티 코지

P.10

재료와 도구
DARUMA 공기를 섞어 만든 울 알파카 오프화이트(1) 80g, 모사용 코바늘 7/0호

완성 사이즈
바닥 둘레 50cm 높이 21cm(장식 술 제외)

게이지
10cm 평방에 무늬뜨기
19.5코×22단

뜨는 법 포인트
◆ 본체는 시작코로 사슬 49코를 만들어서 사슬코 산을 주워서 무늬뜨기로 46단까지 뜬다. 같은 것을 2장 뜬다.
◆ 옆면을 겉끼리 맞대서, 옆구리 구멍(좌우 위치 와 단수가 다르므로 주의)을 제외하고 빼뜨기 엮기로 합친다.
◆ 다 뜬 쪽은 코 줄임을 하면서 짧은뜨기를 원통 형으로 뜨고, 남은 12코에 실을 통과시켜서 꽉 당긴다.
◆ 장식 술(방울)을 만들어 단다.

본체

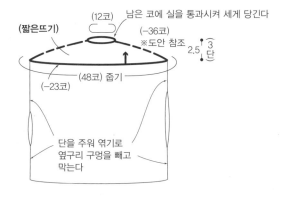

옆면
(무늬뜨기)
2장

9(20단)
5.5(12단)
5.5(12단)
6.5(14단)
옆구리구멍
옆구리구멍
5.5(12단)
10(22단)
5.5(12단)
21(46단)

━━ 25(사슬 49코) 만들기 ━━

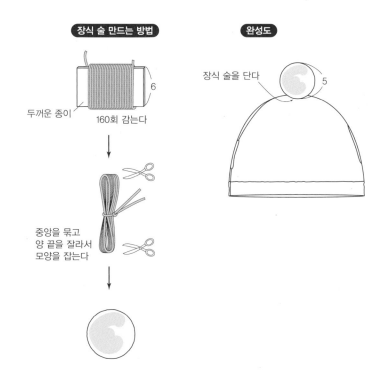

(12코)
남은 코에 실을 통과시켜 세게 당긴다
(짧은뜨기)
(−36코)
※도안 참조
2.5 3단
(48코) 줍기
(−23코)
단을 주워 엮기로
옆구리 구멍을 빼고
막는다

장식 술 만드는 방법

두꺼운 종이
160회 감는다
6

중앙을 묶고
양 끝을 잘라서
모양을 잡는다

완성도

장식 술을 단다
5

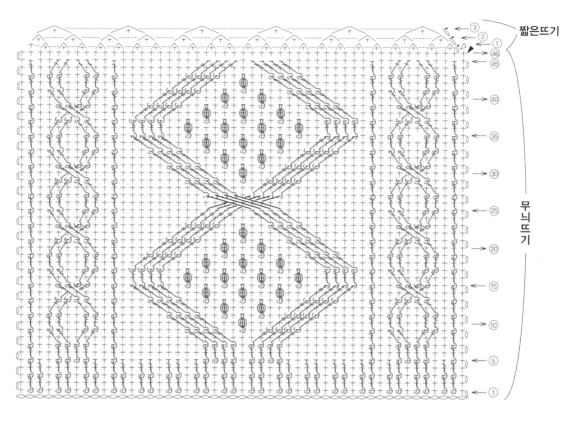

 =세길긴뜨기 앞걸어뜨기의 오른쪽 위 4코 교차뜨기(중앙에 짧은뜨기 1코)

=변형긴뜨기 5코 구슬뜨기의 앞걸어뜨기

▷ = 실을 연결한다
► = 실을 자른다

F 스퀘어 백

P.11

재료와 도구

DARUMA 포클랜드 울 오프화이트(1) 455g, 안
감 42×78cm, 바닥판 33×6.5cm 1장, 모사용 코
바늘 8/0호

완성 사이즈

가로 33cm 거싯* 6.5cm
세로 31cm(손잡이 제외)

게이지

10cm 평방에 무늬뜨기 A·B·C 모두
18.5코×18단

뜨는 법 포인트

◆ 거싯* 부분은 시작코로 사슬 59코를 만들고,
사슬코 산을 주워서 무늬뜨기 A를 뜬다. 13단
은 바닥의 시작코를 이어서 뜨고, 바닥, 옆면을
무늬뜨기 A~C로 뜬다. 60단을 뜨고 나면 실
을 자르고, 다시 실을 이어서 반대편 거싯과 옆
면을 동일하게 뜬다.

◆ 손잡이는 시작코로 사슬 72코를 뜨고, 짧은뜨
기로 뜬다. 같은 것을 2장 뜬다.

◆ 안감 재봉 방법을 참고해 안감을 만든다.

◆ 완성도를 참조해 완성한다.

*거싯 : 품을 넓히거나 튼튼하게 하기 위해
　　　 끼워 넣는 여유분.

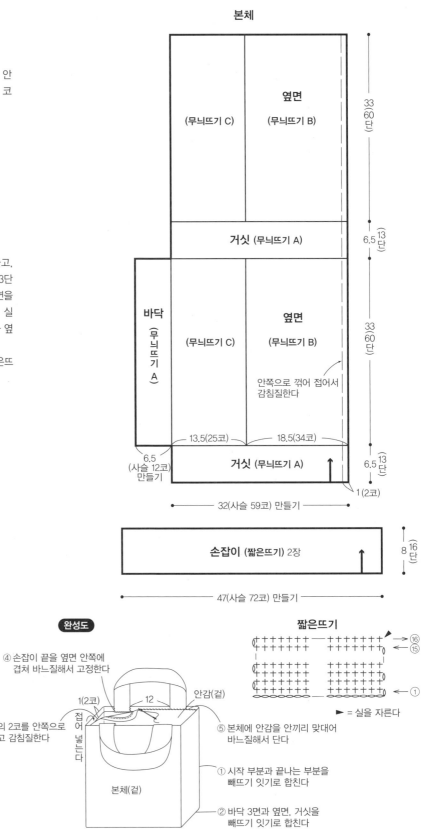

본체

옆면 (무늬뜨기 C)
옆면 (무늬뜨기 B)

33 60단

거싯 (무늬뜨기 A)

6.5 13단

바닥 (무늬뜨기 A)

옆면 (무늬뜨기 C)
옆면 (무늬뜨기 B)

33 60단

안쪽으로 꺾어 접어서
감침질한다

13.5(25코)　18.5(34코)

6.5 13단

6.5
(사슬 12코)
만들기

거싯 (무늬뜨기 A)

1(2코)

32(사슬 59코) 만들기

손잡이 (짧은뜨기) 2장

8 16단

47(사슬 72코) 만들기

완성도

④ 손잡이 끝을 옆면 안쪽에
겹쳐 바느질해서 고정한다

1(2코)

접어 넣는다

12

안감(겉)

③ 옆면 끝의 2코를 안쪽으로
접어 넣고 감침질한다

본체(겉)

⑤ 본체에 안감을 안끼리 맞대어
바느질해서 단다

① 시작 부분과 끝나는 부분을
빼뜨기 잇기로 합친다

② 바닥 3면과 옆면, 거싯을
빼뜨기 잇기로 합친다

짧은뜨기

⑯
⑮

①

► = 실을 자른다

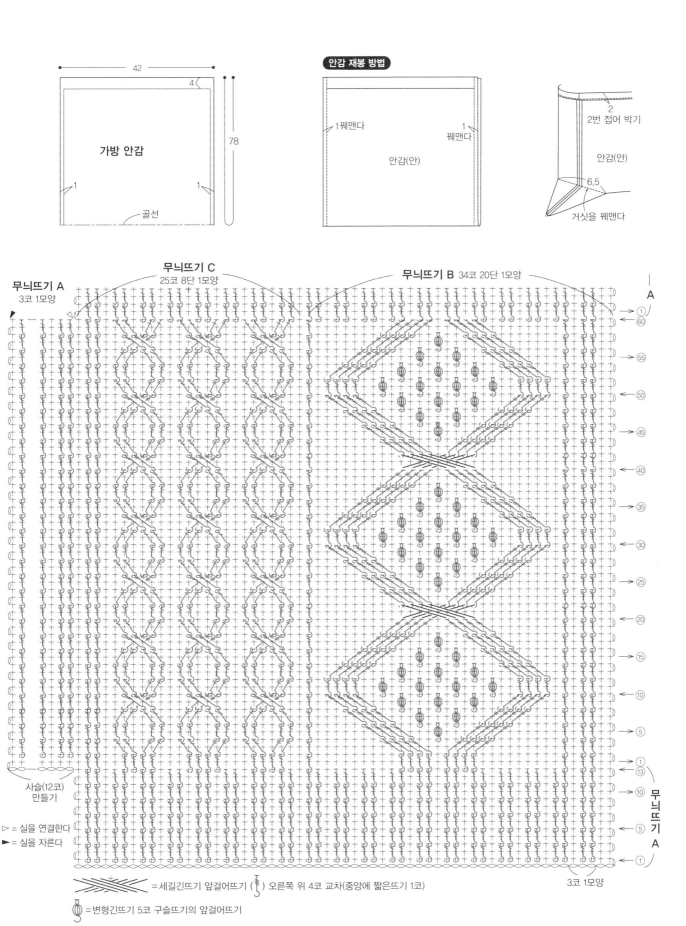

안감 재봉 방법

6 티핏

P.13

재료와 도구
DARUMA 공기를 섞어 만든 울 알파카 베이지(2)
40g, 모사용 코바늘 6/0호 · 7/0호

완성 사이즈
목둘레 37cm 길이 16cm

게이지
무늬뜨기는 모양 1개가 2cm(시작 부분) · 3.5cm
(끝나는 부분) / 10cm에 7.5단

뜨는 법 포인트
◆ 사슬로 시작코를 뜨고, 도안대로 무늬뜨기(우븐
셸 스티치 / 뜨는 법은 P.12 참조)에서 분산 코
늘림과 게이지 조정을 하면서 뜬다.
◆ 3면에 테두리 뜨기를 1단 뜬다.
◆ 끈은 스레드 코드를 뜨고, 지정한 위치에 통과시
켜 끝을 한 번씩 묶어준다.

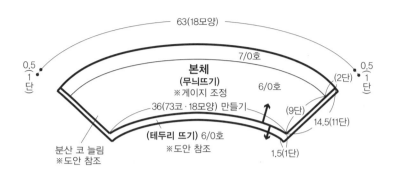

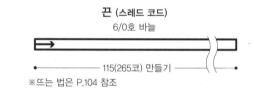

끈 (스레드 코드)
6/0호 바늘

115(265코) 만들기

※뜨는 법은 P.104 참조

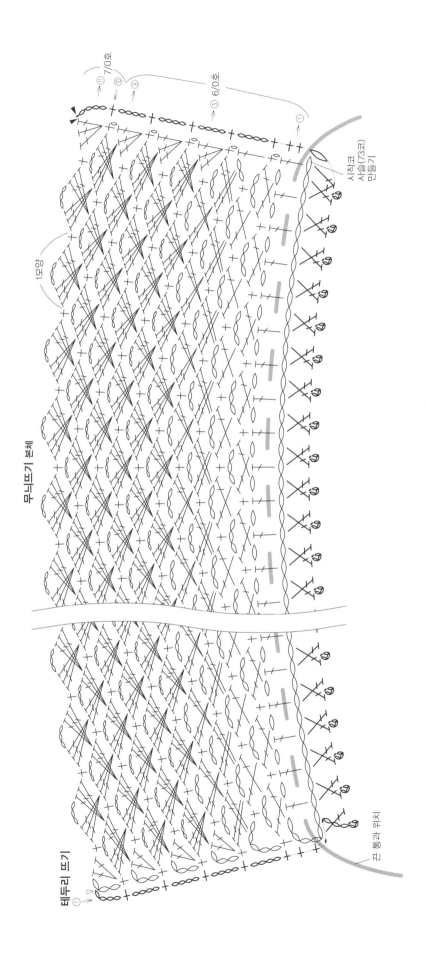

무늬뜨기 본체

1모양

⑪ 7/0호
⑩
⑨

⑤ 6/0호
①

시작코
사슬(73코)
만들기

테두리 뜨기
①

코 통과 위치

‖ 핸드백

P.16

재료와 도구

하마나카 멘즈 클럽 마스터 오프화이트(1) 160g,
청록(70) 70g, 모사용 코바늘 7/0호

완성 사이즈

가로 32cm　세로 19.5cm(손잡이 제외)

게이지

10cm 평방에 무늬뜨기 17코×12.5단

뜨는 법 포인트

◆ 바닥은 오프화이트 컬러로 원형코로 시작해서,
　짧은뜨기로 코 늘림을 하면서 18단을 뜬다.
◆ 옆면은 바닥에 이어서 배색해가면서 무늬뜨기
　(다이아몬드 와플 스티치／뜨는 법은 P.15 참
　조)를 22단 뜬다.
◆ 테두리 뜨기는 짧은뜨기 1단과 빼뜨기를 한다.
◆ 손잡이는 오프화이트 컬러로 짧은뜨기를 7단
　한다. 안끼리 마주 보게 해서 반으로 접고, 빼
　뜨기 잇기로 합친다. 옆면의 안쪽에서 바느질
　로 달아준다.

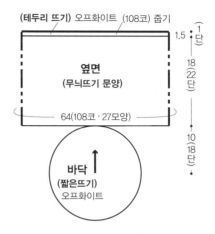

(테두리 뜨기) 오프화이트 (108코) 줍기

옆면
(무늬뜨기 문양)

64(108코 · 27모양)

바닥
(짧은뜨기)
오프화이트

1.5　1단

18(22단)

10(18단)

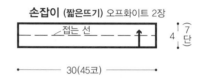

손잡이 (짧은뜨기) 오프화이트 2장

접는 선

4　7단

30(45코)

손잡이

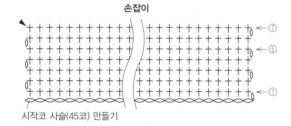

① ⑤ ⑦

시작코 사슬(45코) 만들기

손잡이 마무리 방법

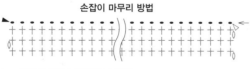

※안끼리 마주 보게 반으로 접고
　양쪽의 코를 함께 주워서 빼뜨기 잇기로 합친다

완성도

빼뜨기 잇기
손잡이는 옆면
안쪽에 바느질해서
단다

(16코)

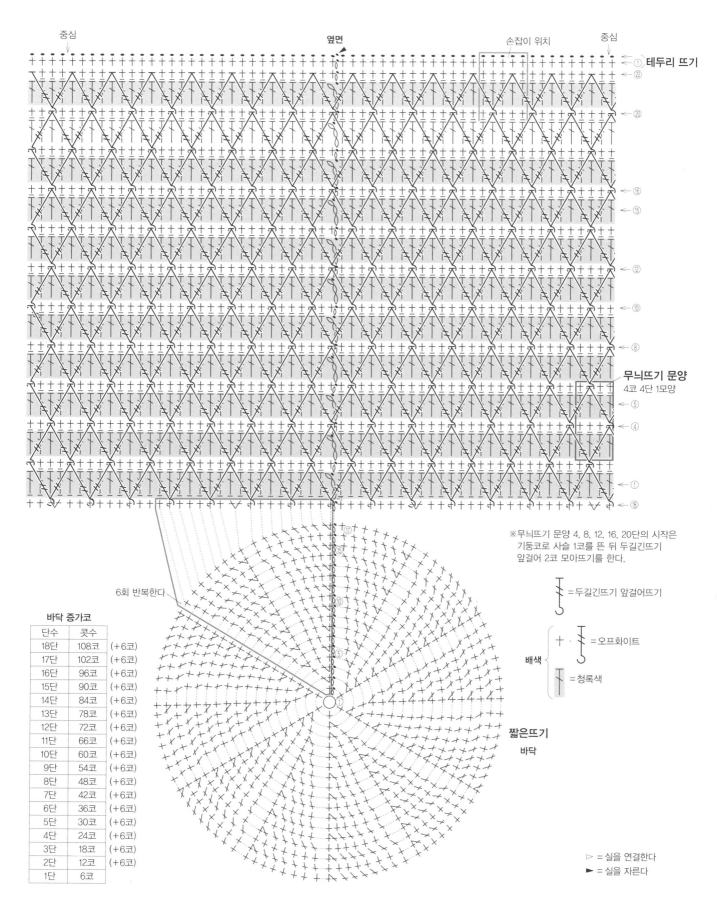

중심　　　　　　　　　　　　　　옆면　　　　　　　손잡이 위치　　　중심

① 테두리 뜨기
← ㉒
← ⑳
← ⑯
← ⑮
← ⑫
← ⑩
← ⑧

무늬뜨기 문양
4코 4단 1모양

← ⑤
← ④
← ①
← ⑱

※무늬뜨기 문양 4, 8, 12, 16, 20단의 시작은
기둥코로 사슬 1코를 뜬 뒤 두길긴뜨기
앞걸어 2코 모아뜨기를 한다.

= 두길긴뜨기 앞걸어뜨기

+ · = 오프화이트

배색

= 청록색

짧은뜨기
바닥

6회 반복한다

바닥 증가코

단수	콧수	
18단	108코	(+6코)
17단	102코	(+6코)
16단	96코	(+6코)
15단	90코	(+6코)
14단	84코	(+6코)
13단	78코	(+6코)
12단	72코	(+6코)
11단	66코	(+6코)
10단	60코	(+6코)
9단	54코	(+6코)
8단	48코	(+6코)
7단	42코	(+6코)
6단	36코	(+6코)
5단	30코	(+6코)
4단	24코	(+6코)
3단	18코	(+6코)
2단	12코	(+6코)
1단	6코	

▷ = 실을 연결한다

► = 실을 자른다

65

l 미니 파우치

P.17

재료와 도구
하마나카 멘즈 클럽 마스터 연갈색(27) 65g, 지름 2cm 단추 1개, 모사용 코바늘 7/0호

완성 사이즈
가로 15cm 세로 12cm 거싯 4cm

게이지
10cm 평방에 무늬뜨기 A 19.5코×10단
무늬뜨기 B 16.5코×15단

뜨는 법 포인트
◆ 옆면 본체는 사슬로 시작코를 만들어 무늬뜨기 A를 11단 뜬다.
◆ 거싯(P.60 설명 참조)은 옆면 3면의 코를 주워서 무늬뜨기 B를 3단 뜬다. 같은 것을 2장 뜬다.
◆ 옆면 2장을 감침질 잇기로 합친다. 입구는 짧은뜨기를 1단 뜬다.
◆ 단춧고리는 사슬로 시작코를 만들어 도안과 같이 뜬다. 옆면의 지정한 위치에 바느질해서 고정. 단추도 꿰맨다.

옆면
(무늬뜨기 A)
2장

11
(11
단)

←15(29코) 만들기→

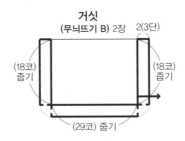

거싯
(무늬뜨기 B) 2장   2(3단)

(18코)
줍기   (18코)
            줍기

(29코) 줍기

입구 (짧은뜨기)   ※전부(66코) 줍는다

1(1단)

(29코) 줍기   (2코)
            줍기

감침질 잇기로 합친다

단춧고리 (짧은뜨기)

2.5

시작코 사슬(14코) 만들기

←7→

완성도

단추와
단춧고리를 단다

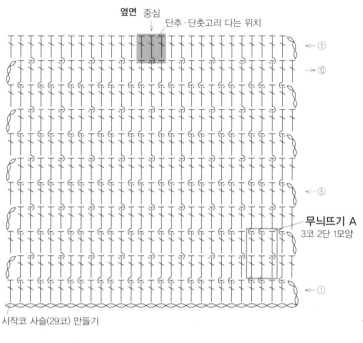

옆면 중심
단추·단춧고리 다는 위치

→ ⑪
→ ⑩

← ⑤

무늬뜨기 A
3코 2단 1모양

← ①

시작코 사슬(29코) 만들기

$\updownarrow$ = 한길긴뜨기 뒤걸어뜨기
※ 뒤에서 뜰 때는 앞걸어뜨기로 뜬다

$\updownarrow$ = 한길긴뜨기 앞걸어뜨기

$\downarrow$ = 짧은뜨기 뒤걸어뜨기
※ 뒤에서 뜰 때는 앞걸어뜨기로 뜬다

무늬뜨기 B 거싯
③ ② ①

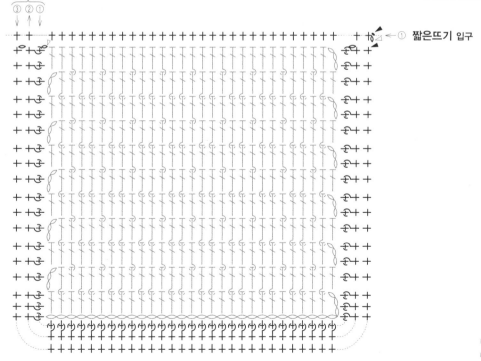

← ① **짧은뜨기 입구**

▷ = 실을 연결한다
► = 실을 자른다

J 냄비 손잡이

P.20

재료와 도구

a 내추럴 컬러×블루···DARUMA iroiro 머시룸 (2) 25g, 하늘색(20) 15g, 모사용 코바늘 4/0호

b 노랑×그레이···DARUMA iroiro 레몬(31) 25g, 그레이(49) 15g, 모사용 코바늘 4/0호

C 연두색···DARUMA iroiro 피스타치오(28) 40g, 모사용 코바늘 3/0호

완성 사이즈

a, b 가로 18cm 세로 18cm(고리 제외)

c 가로 16.5cm 세로 16.5cm(고리 제외)

게이지

모티브 한 변의 길이 a, b 18cm

c 16.5cm

뜨는 법 포인트

◆ 본체는 사슬 5코로 시작코를 만들어 도안대로 무늬뜨기(바바리안 크로셰／뜨는 법은 P.18 참조)를 8단 뜬다. 같은 것을 2장 뜬다.

◆ a, b는 배색 실로 바꿀 때, 실을 자르고 교체한다.

◆ 본체를 안끼리 마주 보게 하고 빼뜨기로 주위를 엮는다.

◆ 연결이 완성되면 사슬 12코를 뜨고, 고리를 만든다.

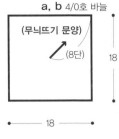

a, b 4/0호 바늘

(무늬뜨기 문양) (8단) 18 / 18

무늬뜨기 문양 배색표

	a	b
8단	머시룸	레몬
7단	머시룸	레몬
6단	하늘색	그레이
5단	머시룸	그레이
4단	하늘색	레몬
3단	머시룸	레몬
2단	하늘색	그레이
1단	머시룸	그레이

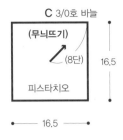

C 3/0호 바늘

(무늬뜨기) (8단) 16.5

피스타치오

16.5

※a, b, c 각각 2장씩 뜬다

무늬뜨기 문양

▷ = 실을 연결한다

► = 실을 자른다

※a는 1~6단까지 각 단에서 실을 연결하고 자른다

※c는 2, 4, 6단을 뜨고 나서 실을 자르지 않고, 다음 단의 시작 위치까지 빼뜨기로 이동한다

마무리 방법

고리 (사슬 12코)

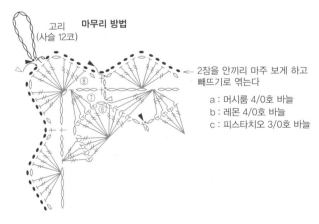

← 2장을 안끼리 마주 보게 하고 빼뜨기로 엮는다

a : 머시룸 4/0호 바늘
b : 레몬 4/0호 바늘
c : 피스타치오 3/0호 바늘

K 모노톤 백

P.21

재료와 도구

DARUMA 공기를 섞어 만든 울 알파카 베이지
(2) 85g, 검정(9) 55g, 똑딱단추(3cm 사각) 1쌍,
안감 49×49cm, 모사용 코바늘 6/0호

완성 사이즈

가로 약 40cm 세로 25cm

게이지

모티브 한 변의 길이 46cm

뜨는 법 포인트

◆ 본체는 사슬 5코로 시작코를 만들어서 도안대
로 무늬뜨기(바바리안 크로셰 / 뜨는 방법은
P.18 참조)를 17단 뜬다. 이어서 짧은뜨기를 1
단 떠서 정돈한다.

◆ 안감 만드는 방법을 참조해서 안감을 만들고,
본체와 안감을 안끼리 마주 보게 댄다. 본체 마
지막 단의 짧은뜨기 다리 부분에 공그르기로
붙인다.

◆ 입구는 도안을 참조해서 코 줄임을 하면서 짧
은뜨기로 4단 뜨고, 마지막 단은 빼뜨기를 1단
떠서 정리한다.

◆ 둘레는 본체에서 지정한 콧수로 줍고, 이어서
손잡이의 사슬 시작코를 뜬다. 반대편 둘레와
손잡이도 동일하게 떠서 원형을 만든다. 짧은
뜨기를 7단 뜨고 나서, 빼뜨기 1단을 뜬다. 손
잡이의 시작코 부분도 빼뜨기를 1단 떠서 정리
한다.

◆ 안쪽에 똑딱단추를 단다.

※모두 6/0호 코바늘로 뜬다
※별도로 지정한 곳 이외는 모두 베이지로 뜬다

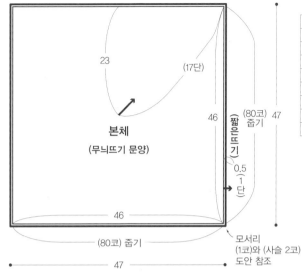

본체
(무늬뜨기 문양)

(17단)

23

46

47

(80코) 줍기

짧은뜨기

0.5
(1
단)

46

(80코) 줍기

47

모서리
(1코)와 (사슬 2코)
도안 참조

무늬뜨기 문양 배색표

17단	베이지
15·16단	검정
13·14단	베이지
11·12단	검정
9·10단	베이지
7·8단	검정
5·6단	베이지
3·4단	검정
1·2단	베이지

안감 만드는 방법

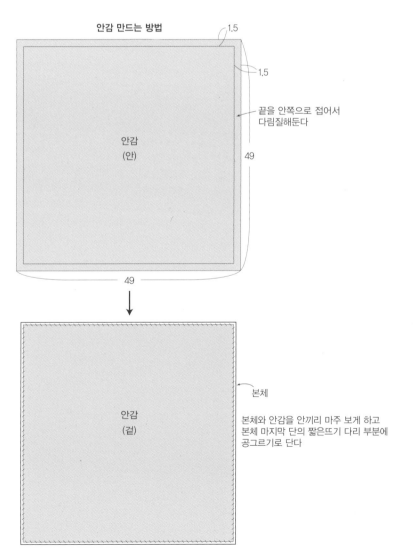

1.5

1.5

안감
(안)

49

49

끝을 안쪽으로 접어서
다림질해둔다

안감
(겉)

본체

본체와 안감을 안끼리 마주 보게 하고
본체 마지막 단의 짧은뜨기 다리 부분에
공그르기로 단다

본체

중심

무늬뜨기 문양

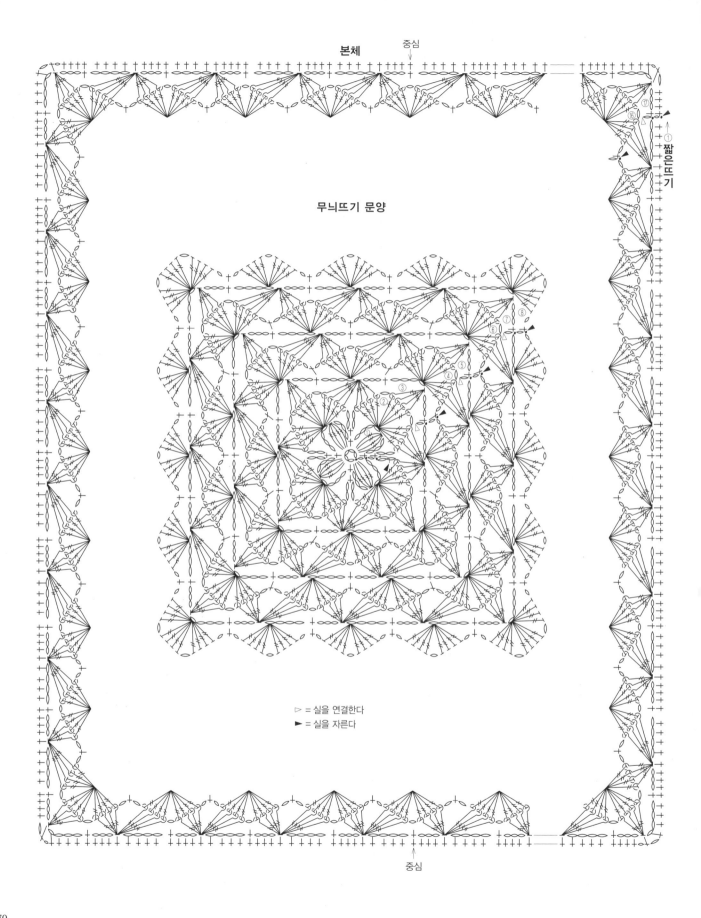

▷ = 실을 연결한다
► = 실을 자른다

짧은뜨기

중심

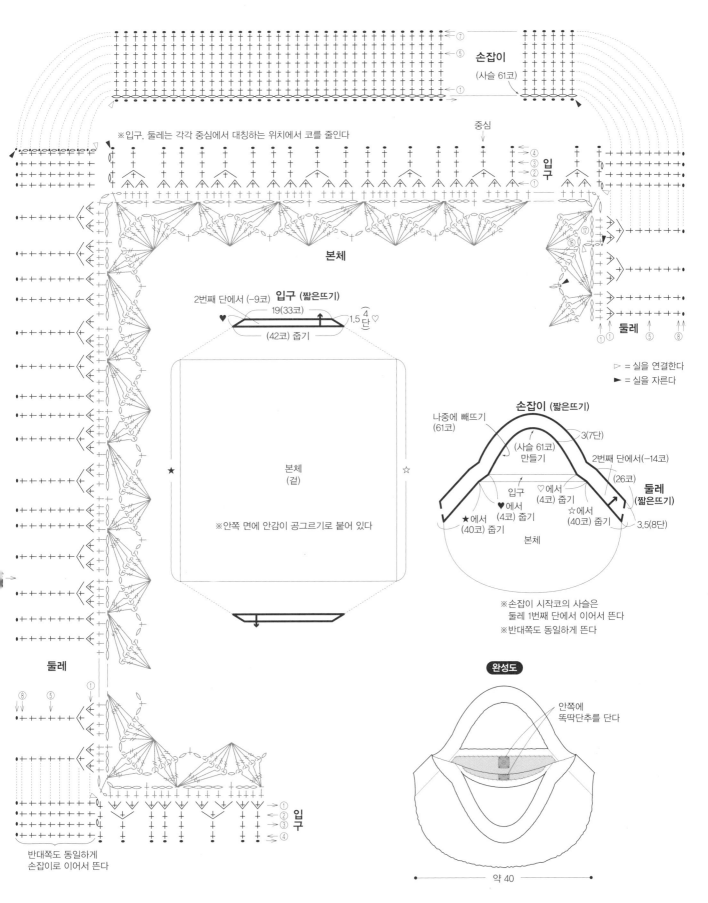

손잡이
(사슬 61코)

※입구, 둘레는 각각 중심에서 대칭하는 위치에서 코를 줄인다

중심

입구

본체

입구 (짧은뜨기)
2번째 단에서 (−9코)
19(33코)
1.5(4단)
(42코) 줍기

둘레

본체
(겉)

※안쪽 면에 안감이 공그르기로 붙어 있다

▷ = 실을 연결한다
► = 실을 자른다

손잡이 (짧은뜨기)
나중에 빼뜨기
(61코)
(사슬 61코)
만들기
3(7단)
2번째 단에서(−14코)
(26코)
둘레
(짧은뜨기)
입구
♡에서
(4코) 줍기
♥에서
(4코) 줍기
★에서
(40코) 줍기
☆에서
(40코) 줍기
3.5(8단)
본체

※손잡이 시작코의 사슬은
둘레 1번째 단에서 이어서 뜬다
※반대쪽도 동일하게 뜬다

둘레

입구

반대쪽도 동일하게
손잡이로 이어서 뜬다

완성도

안쪽에
똑딱단추를 단다

약 40

L 벙어리장갑

P.22

재료와 도구

하마나카 아메리 오프화이트(20) 40g, 그레이 (22) 30g, 짙은 오렌지(4) 20g, 모사용 코바늘 6/0호

완성 사이즈

손바닥 둘레 20cm 길이 22.5cm

게이지

10cm 평방에 무늬뜨기 문양 35코×30단

뜨는 법 포인트

◆ 사슬로 시작코를 원형으로 만든다. 무늬뜨기 문양(스케일 크로셰／뜨는 방법은 P.19 참조) 을 배색해가면서 뜨지만, 안을 뒤집어 겉으로 사용하므로 실을 바꾸고 연결하는 것에 주의한 다. 1단은 시작코의 사슬코 산을 줍고, 2단 이상 의 빼뜨기는 전 단의 사슬을 다발로 주워서 뜬 다. 14단을 뜨고, 엄지 위치에는 사슬코를 뜬다.

◆ 엄지는 그레이로 16단 뜬다.

◆ 테두리 뜨기는 무늬뜨기 문양 부분 편물의 뒷 면을 겉으로 해서 1단의 빼뜨기 코를 다발로 주워서 6단 뜬다.

◆ 완성도를 참조해서 마무리한다.

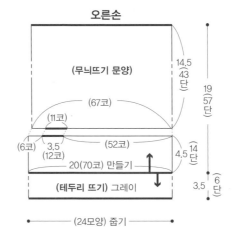

오른손

(무늬뜨기 문양)

14.5 43단

19 (57단)

(67코)

(11코)

(6코) 3.5 (12코)

(52코)

14 단 4.5

20(70코) 만들기

(테두리 뜨기) 그레이

3.5 6단

(24모양) 줍기

엄지손가락 (무늬뜨기)

그레이

5.5 16단

(9모양) 줍기

※왼손은 대칭으로 뜬다
※무늬뜨기 문양은 안쪽을 겉면으로 해서 사용한다

엄지손가락의 코 줍는 법

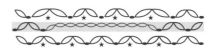

※★의 위치를 줍는다

엄지손가락

←⑯

←⑮

←③

←①

★ ★ ★ ★ ★ ★ ★ ★ ★

배색표

단수	색명
51~57단	짙은 오렌지
50단	오프화이트
49단	그레이
48단	오프화이트
47단	짙은 오렌지
46단	오프화이트
45단	그레이
44단	오프화이트
43단	짙은 오렌지
≀	≀
10~14단	오프화이트
9단	짙은 오렌지
8단	오프화이트
7단	그레이
6단	오프화이트
5단	짙은 오렌지
4단	오프화이트
3단	그레이
2단	오프화이트
1단	짙은 오렌지
시작코	

42단까지 반복

완성도

마지막 단에서 실을 모양 1개씩 걸러가며 1바퀴 통과시킨다. 2번째 바퀴에서 남은 1개 모양에 실을 통과시킨 후 꽉 조인다.

마지막 단의 코에 실을 통과시켜 잡아당긴다

시작코 위치는 손바닥의 중심으로 한다

오른손

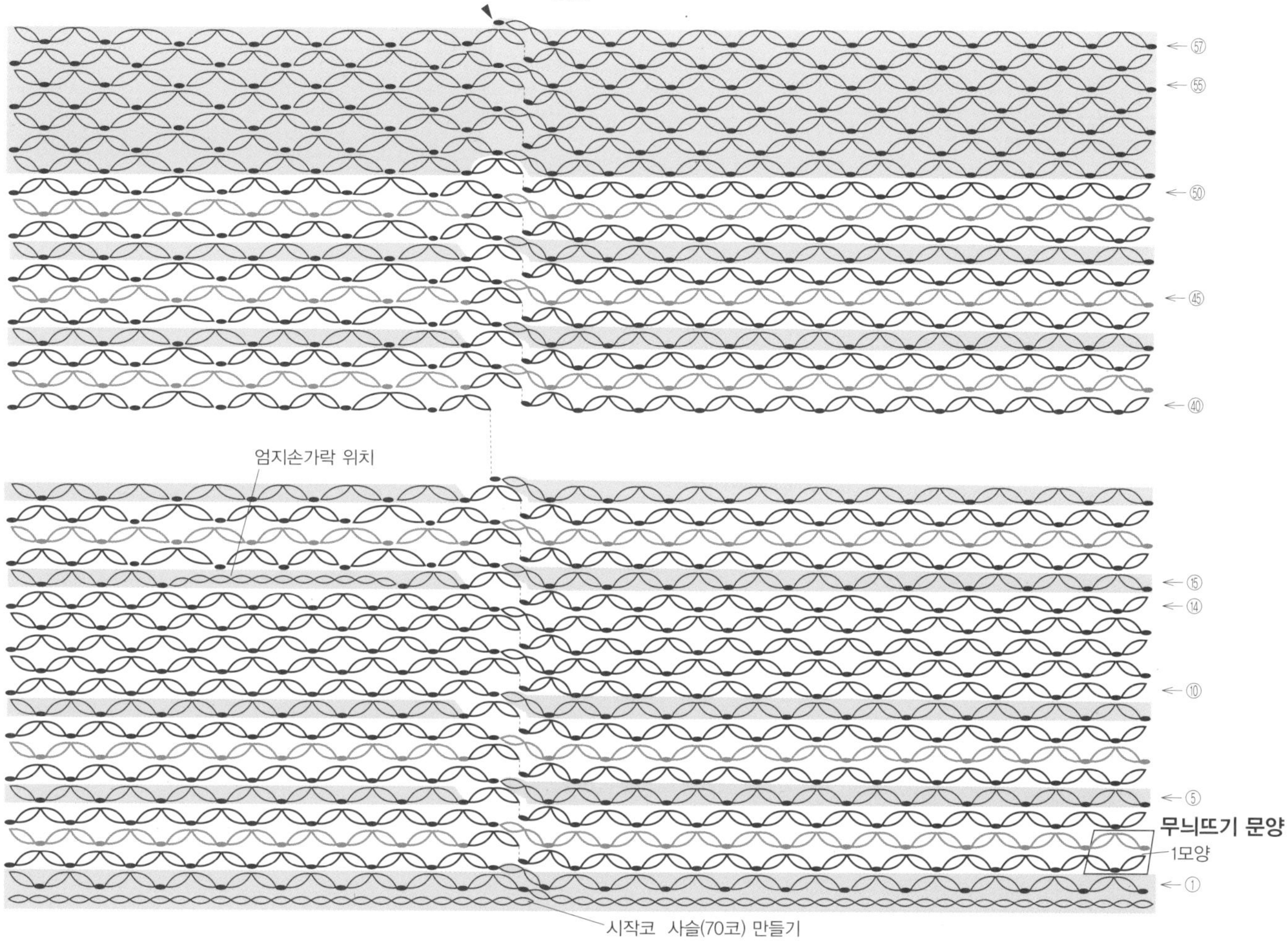

(57)
(55)
(50)
㊺
㊵
엄지손가락 위치
⑮
⑭
⑩
⑤
무늬뜨기 문양
1모양
①
시작코 사슬(70코) 만들기

테두리 뜨기

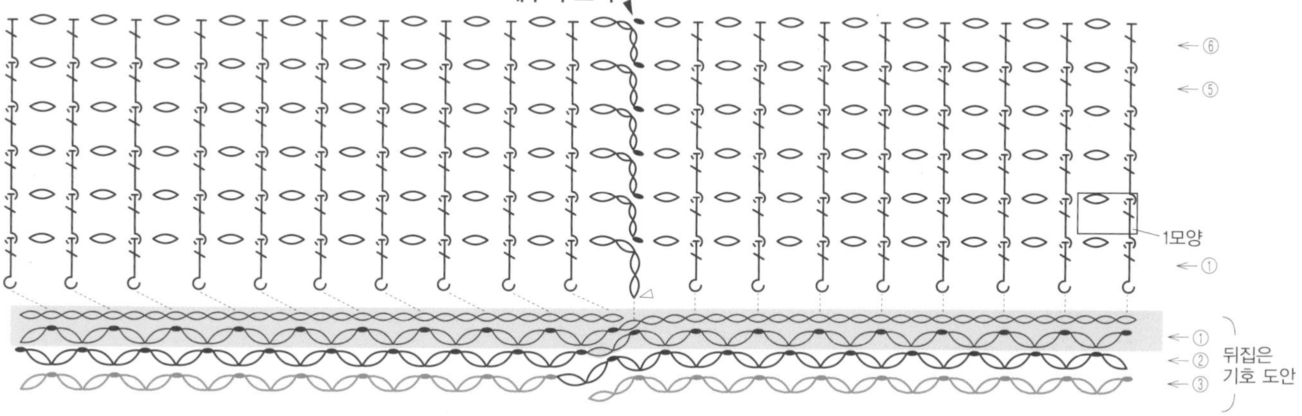

⑥
⑤
1모양
①
①
②
③
뒤집은 기호 도안

배색
- = 짙은 오렌지
- = 오프화이트
- = 그레이

▷ = 실을 연결한다

► = 실을 자른다

M 스누드

P.23

재료와 도구

하마나카 오브 코스 빅 빨강(122) 50g, 그레이
(107) 45g, 소노모노 루프 오프화이트(51) 70g,
모사용 코바늘 8mm

완성 사이즈

목둘레 110cm 길이 16cm

게이지

10cm 평방에 무늬뜨기 13코×13.5단

뜨는 법 포인트

◆ 사슬 시작코를 만들고, 빼뜨기를 해서 원형으
로 만든다. 실 색깔을 바꿔가면서 무늬뜨기 문
양(스케일 크로셰／뜨는 방법은 P.19 참조)을
19단 뜬다. 2단 이후의 빼뜨기는 전 단의 사슬
을 다발로 주워서 뜬다. 이 스케일 크로셰는 겉
면을 그대로 겉으로 사용한다.

◆ 시작코를 다발로 주워서 무늬뜨기(스케일 크로
셰)를 3단 뜬다.

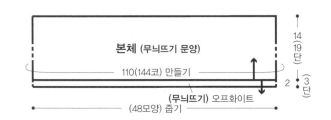

본체 (무늬뜨기 문양)
110(144코) 만들기
14
19
단
2
(3)
단
(무늬뜨기) 오프화이트
(48모양) 줍기

무늬뜨기 문양

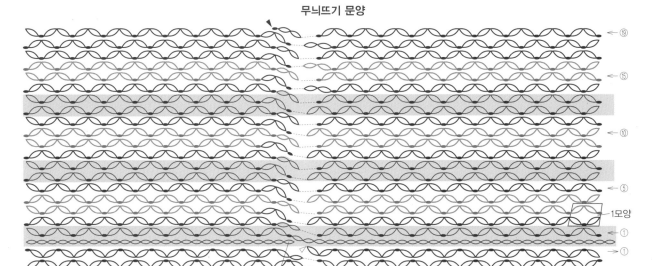

시작코
사슬(144코) 만들기

무늬뜨기 문양 배색표

단수	색명
17~19단	오프화이트
15·16단	그레이
14단	오프화이트
12·13단	빨강
11단	오프화이트
9·10단	그레이
8단	오프화이트
6·7단	빨강
5단	오프화이트
3·4단	그레이
2단	오프화이트
1단	빨강
시작코	

배색 = 빨강
= 오프화이트
= 그레이

▷ = 실을 연결한다
► = 실을 자른다

브로치

P.47

재료와 도구

a 보라색…하마나카 아프리코 노랑(16)·회보라
(21)·연갈색(22) 각 조금씩

b 베이지…하마나카 아프리코 베이지(25) 조금

지름 2cm 브로치 핀 각 1개, 레이스 코바늘 0호

완성 사이즈

브로치 완성도 참조

뜨는 법 포인트

◆ 원형코로 시작코를 만들고, 도안대로 꽃을 2단
뜬다(코일뜨기／뜨는 방법은 P.46 참조). 이어
서 사슬 27코를 시작코로 만들고 사슬 반 코와
사슬코 산을 주워서 잎사귀와 줄기를 떠나간다.

◆ 뒷면에 브로치 핀을 단다.

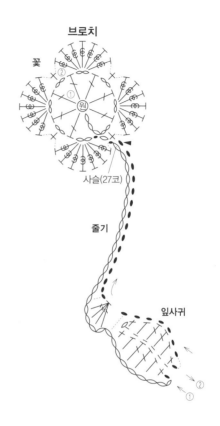

브로치

꽃

사슬(27코)

줄기

잎사귀

► = 실을 자른다

= 코일뜨기(10회 감기)

브로치 배색표

	a	b
꽃·2단	회보라	
꽃·1단	노랑	베이지
잎사귀	연갈색	
줄기		

 완성도

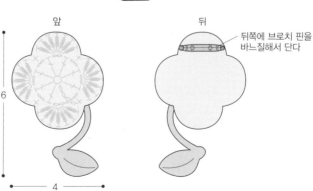

앞

뒤

뒤쪽에 브로치 핀을
바느질해서 단다

6

4

N 핸드 워머
P.25

재료와 도구
하마나카 후가 《solo color》 그레이(102) 35g, 알파카 모헤어 파인 베이지(2) 10g, 모사용 코바늘 7/0호·5/0호

완성 사이즈
손목 둘레 18cm　길이 14.5cm

게이지
10cm 평방에 리브 크로셰
19코×19.5단

뜨는 법 포인트
◆ 본체는 사슬 20코로 시작코를 만들고, 짧은뜨기로 1단을 뜬다. 2단 이후는 무늬뜨기 A(리브 크로셰／뜨는 방법은 P.24 참조)로 도안을 참조해서 35단 뜨고, 실을 자르지 않고 둔다. 왼쪽 10코만 실을 연결해서 2단 뜨고, 실을 자른다. 엄지 부분은 사슬 5코로 사슬코를 만들어서 3단을 뜬다. 자르지 않은 실을 사용, 도안을 참조해 자리로 되돌아와서 10단을 뜬다. 완성도를 참조해서 잇대어 붙여준다.
◆ 본체에서 31코를 주워서 도안을 참조해가며 손목 부분을 무늬뜨기 B로 10단. 원통형으로 왕복뜨기를 한다.
◆ 같은 것을 2개 뜬다.

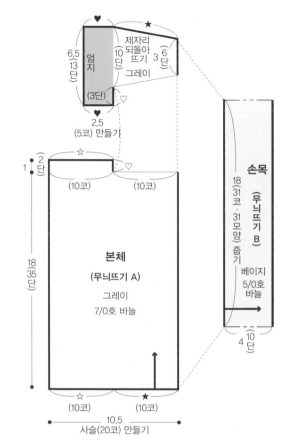

완성도

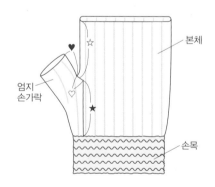

본체

엄지
손가락

손목

※ ★ 끼리와 ☆ 끼리는 각각 안을 마주 보게 맞대어, 시작코를 위쪽으로 해서 끝나는 단과 맞대서 빼뜨기 잇기를 한다
※ ♡ 끼리는 감침질 엮기, ♥ 끼리는 감침질 잇기

본체

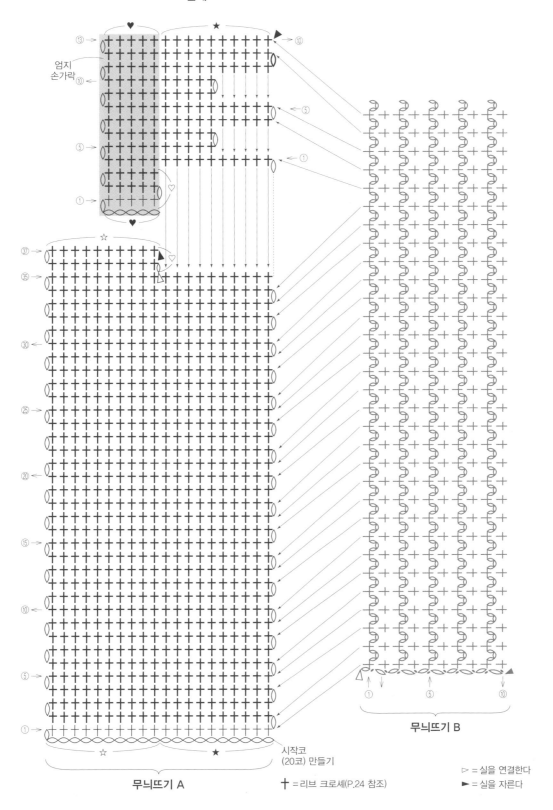

엄지
손가락

무늬뜨기 A

시작코
(20코) 만들기

무늬뜨기 B

✝ =리브 크로셰(P.24 참조)

▷ = 실을 연결한다
► = 실을 자른다

0 토트백

P.25

재료와 도구

하마나카 오브 코스 빅 블루(116) 280g, 안감
38×73cm, 손잡이용 가죽 20×12cm, 모사용 코
바늘 7mm

완성 사이즈

가로 28cm 세로 25cm 거싯 8cm

게이지

10cm 평방에 리브 크로셰
11코×12단

뜨는 법 포인트

◆ 본체는 사슬 27코로 시작코를 만들고, 짧은뜨
기 1단을 뜬다. 2단 이후는 도안을 참조해서 무
늬뜨기(리브 크로셰／뜨는 방법은 P.24 참조)
로 87단 뜬다. 다 뜨고 나서 본체의 합체 방법
을 참조해 각 부분을 잇는다.

◆ 안감 만드는 법을 참조하고, 안감 본체에 손잡
이를 바느질해서 단다. 안감 본체를 가방 본체
에 넣고, 안감 입구 부분을 바느질로 박는다.

◆ 손잡이 가죽은 만드는 법을 참조해서 구멍을
뚫어두고, 본체의 손잡이에 감아 흰색 실로 고
정한다.

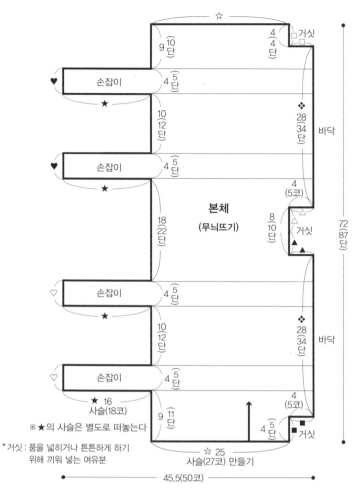

본체
(무늬뜨기)

바닥

손잡이

사슬(18코)

※ ★의 사슬은 별도로 떠놓는다

※거싯 : 품을 넓히거나 튼튼하게 하기
위해 끼워 넣는 여유분

사슬(27코) 만들기

안감 만드는 법

① 그림을 참조해서 원단을 재단한다(시접 1cm 포함)　② ①에서 재단한 원단을 바느질한다

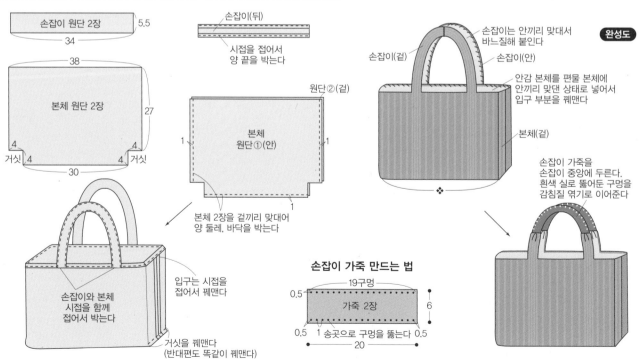

완성도

손잡이 원단 2장 5.5
34

손잡이(뒤)
시접을 접어서
양 끝을 박는다

본체 원단 2장
38 27
30
거싯 4 4 거싯

원단②(겉)
본체
원단①(안)
1 1
1
본체 2장을 겉끼리 맞대어
양 둘레, 바닥을 박는다

손잡이와 본체
시접을 함께
접어서 박는다

입구는 시접을
접어서 꿰맨다

거싯을 꿰맨다
(반대편도 똑같이 꿰맨다)

손잡이는 안끼리 맞대서
바느질해 붙인다
손잡이(겉)
손잡이(안)
안감 본체를 편물 본체에
안끼리 맞댄 상태로 넣어서
입구 부분을 꿰맨다
본체(겉)

손잡이 가죽을
손잡이 중앙에 두른다.
흰색 실로 뚫어둔 구멍을
감침질 엮기로 이어준다

손잡이 가죽 만드는 법

19구멍
0.5 가죽 2장 6
0.5 1 송곳으로 구멍을 뚫는다 0.5
20

무늬뜨기

※☆끼리는 시작코 사슬을 위로 포개서,
87단 끝에서 이어서 빼뜨기 잇기를 한다

본체

♥ (18코) 손잡이

♥ (18코) 손잡이

본체 연결법

※바닥의 ❖끼리 안과 안을 맞대서 빼뜨기 엮기를 한다

※거싯의 각 □, ■, △, ▲끼리 안과 안을 맞대서 빼뜨기 엮기를 한다

※손잡이는 각 ♥, ♡끼리 감침질로 잇는다

♡ (18코) 손잡이

♡ (18코) 손잡이

87
85 거싯
83
80
75
70
❖ 바닥
65
60
55
50
45
거싯
40
39
35
30
25
20
❖ 바닥
15
10
6
5
■ 거싯
① 시작코
(27코) 만들기

✝ = 리브 크로셰(P.24 참조)
▷ = 실을 연결한다
► = 실을 자른다

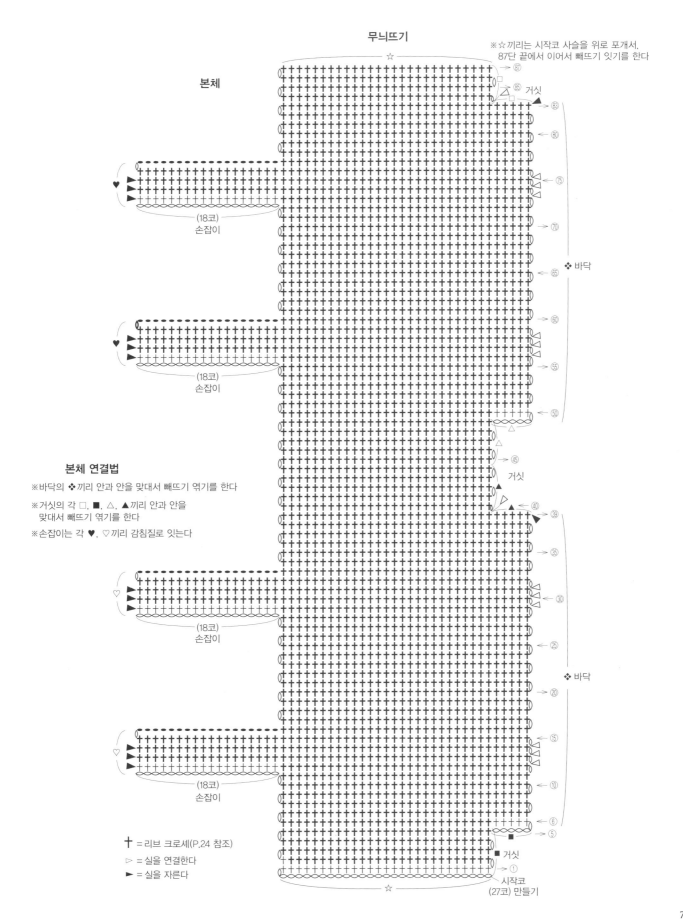

79

P 클러치 백

P.30

재료와 도구

하마나카 캐나디안 3S 《트위드》 베이지(101) 160g,
지름 28mm 단추 1개, 너비 3mm 가죽끈 130cm, 모
사용 코바늘 7mm

완성 사이즈

가로 30cm 세로 19cm

게이지

10cm 평방에 헤링본 크로셰
12코×8.5단

뜨는 법 포인트

- 본체는 사슬 36코로 시작코를 만들고, 사슬코 산
  을 주워서 1단을 뜬다. 1번째 코는 일반적인 짧은
  뜨기를 하고, 2번째 코부터 헤링본 크로셰 겉뜨기
  를 한다. 2단은 1번째 코는 짧은뜨기의 안뜨기를
  하고, 2번째 코 이후는 헤링본 크로셰의 안뜨기를
  한다. 3단부터는 겉뜨기와 안뜨기를 1단씩 번갈아
  반복, 42단까지 뜬다(헤링본 크로셰／뜨는 방법
  은 P.26~28 참조).
- 각 ★, ☆끼리 겉과 겉을 맞대어 감침질한다.
- 덮개의 겉면에 단추를 달고, 가죽끈을 단추의 밑
  동에 묶는다.

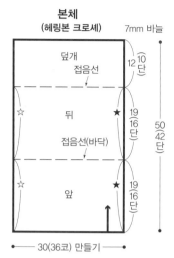

본체
(헤링본 크로셰) 7mm 바늘

덮개
접음선

뒤
접음선(바닥)

앞

☆ ★

12 10단

19 (16)단

19 (16)단

50 (42)단

←── 30(36코) 만들기 ──→

완성도

덮개
(안쪽) 입구

앞

★ ☆

바닥

① 각 ★,☆끼리 겉과 겉을
겹쳐서 감침질로 잇고,
뒤집는다

② 단추를 정해진
위치에 단다

덮개
(겉쪽)

③ 가죽끈은
단추의 밑동에
묶는다

본체　　단추 다는 위치　　　　　　► = 실을 자른다

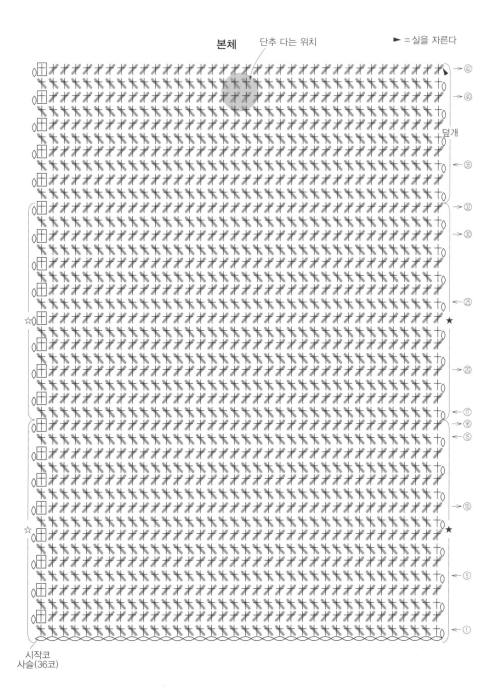

시작코
사슬(36코)

꾳 = 짧은뜨기의 헤링본 크로셰(겉뜨기)

꿔 = 짧은뜨기의 헤링본 크로셰(안뜨기)

⊞ = 짧은뜨기(안뜨기)

Q 마르셰 백

P.31

재료와 도구

하마나카 오브 코스 빅 녹색(113) 150g, 흰색 (101) 100g, 너비 1.5cm·길이 40cm 가죽 손잡이(INAZUMA : YAS–4091 #4 베이지) 1쌍, 모사용 코바늘 10/0호

완성 사이즈

가로 36cm 세로 22cm(손잡이 제외)

게이지

10cm 평방에 헤링본 크로셰
14코×10.5단

뜨는 법 포인트

◆ 바닥은 원형코를 시작코로 하고, 도안을 참조해서 1단은 짧은뜨기로 뜬다. 2단의 첫코는 보통의 짧은뜨기를 하고, 2번째 코 이후는 헤링본 크로셰 겉뜨기를 한다. 3단부터는 2단과 동일하게 겉뜨기로 코를 늘려가면서 10단을 뜬다. 이어서 옆면을 왕복뜨기로 뜨고, 양 둘레에서 코를 늘려가면서 전부 23단을 뜬다. 홀수 단은 헤링본 크로셰의 겉뜨기로 하고, 짝수 단은 헤링본 크로셰 안뜨기로 한다(헤링본 크로셰／뜨는 방법은 P.26~29 참조).

◆ 옆면 겉쪽 지정한 위치에 가죽 손잡이를 단다.

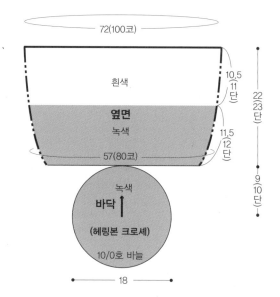

옆면 증가코

단수	콧수	
22·23단	100코	
21단	100코	(+4코)
18~20단	96코	
17단	96코	(+4코)
14~16단	92코	
13단	92코	(+4코)
10~12단	88코	
9단	88코	(+4코)
6~8단	84코	
5단	84코	(+4코)
1~4단	80코	

완성도

손잡이는 옆면 겉쪽에 흰색 실 2줄로 달아준다

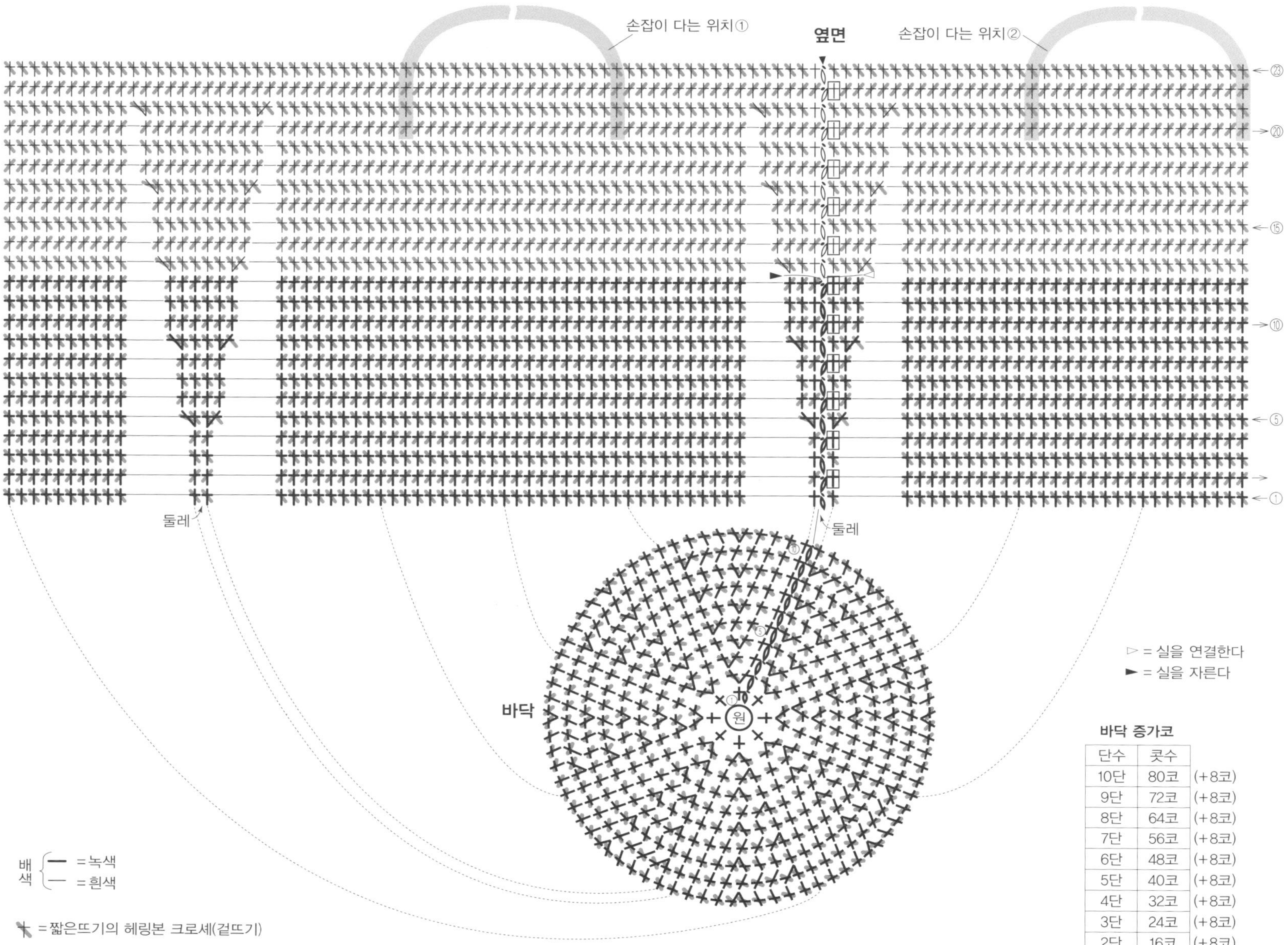

손잡이 다는 위치①
옆면
손잡이 다는 위치②
㉓
⑳
⑮
⑩
⑤
①
둘레
둘레
바닥
원

▷ = 실을 연결한다
► = 실을 자른다

바닥 증가코

단수	콧수	
10단	80코	(+8코)
9단	72코	(+8코)
8단	64코	(+8코)
7단	56코	(+8코)
6단	48코	(+8코)
5단	40코	(+8코)
4단	32코	(+8코)
3단	24코	(+8코)
2단	16코	(+8코)
1단	8코	

배색 { ━ = 녹색, ─ = 흰색

= 짧은뜨기의 헤링본 크로셰(겉뜨기)

= 짧은뜨기의 헤링본 크로셰(안뜨기)

⊞ = 짧은뜨기(안뜨기)

R 복주머니 백

P.33

재료와 도구

스키 울 실 스키 네주 노랑 계열 믹스(2132) 245g,
스키 태즈메이니안폴워스 파랑(7019) 40g, 모사
용 코바늘 6/0호·8/0호

완성 사이즈

가로 35cm 세로 23cm(손잡이 제외)

게이지

무늬뜨기 1모양 3.5cm, 10cm에 13.5단

뜨는 법 포인트

◆ 바닥은 노랑 계열 믹스 실과 파랑 실 2줄로 원
형코로 시작코를 만든다. 짧은뜨기로 코 늘림
을 해가면서 24단을 뜬다.
◆ 옆면은 노랑 계열 믹스 실 2줄로 무늬뜨기(크
로커다일 스티치／뜨는 방법 P.32 참조)를 28
단 뜬다.
◆ 테두리 뜨기는 노랑 계열 믹스 실과 파랑 실 2
줄로 2단을 뜬다.
◆ 손잡이는 파랑 실 4줄로 스레드 코드를 뜨고,
지정한 위치에 통과시킨다. 아래 그림을 참조
하여 태슬을 만들고, 손잡이 양 끝에 달아준다.

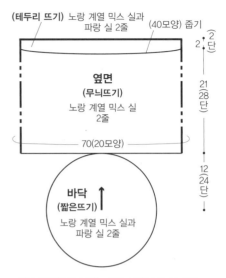

(테두리 뜨기) 노랑 계열 믹스 실과
파랑 실 2줄   (40모양) 줍기

옆면
(무늬뜨기)
노랑 계열 믹스 실
2줄

70(20모양)

바닥
(짧은뜨기)
노랑 계열 믹스 실과
파랑 실 2줄

2단

21(28단)

12(24단)

※별도 지정한 것 이외는 모두 6/0호 바늘로 뜬다

손잡이 (스레드 코드)
8/0호 바늘 파랑 실 4줄

100(160코)

※뜨는 법은 P.104 참조

태슬 만드는 법

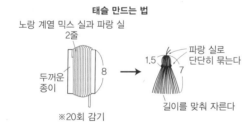

노랑 계열 믹스 실과 파랑 실
2줄

두꺼운
종이

8

※20회 감기

파랑 실로
단단히 묶는다

1.5   7

길이를 맞춰 자른다

완성도

(2모양)
(1모양) (7모양)

손잡이 처음과 끝은
같은 지점을 통과해서 교차한다

테두리 뜨기로 손잡이를
통과시킨 후 양 끝에
태슬을 달아준다

바닥 증가코

단수	콧수	
21~24단	120코	
20단	120코	(+8코)
19단	112코	(+8코)
18단	104코	
17단	104코	(+8코)
16단	96코	(+8코)
15단	88코	(+8코)
14단	80코	
13단	80코	(+8코)
12단	72코	(+8코)
11단	64코	(+8코)
10단	56코	
9단	56코	(+8코)
8단	48코	(+8코)
7단	40코	
6단	40코	(+8코)
5단	32코	(+8코)
4단	24코	
3단	24코	(+8코)
2단	16코	(+8코)
1단	8코	

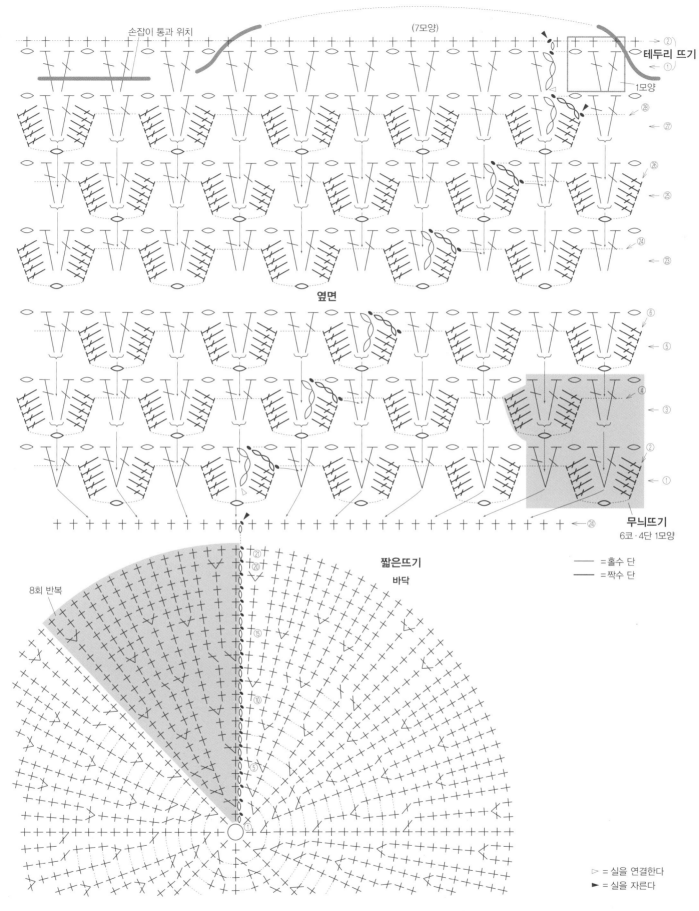

손잡이 통과 위치

(7모양)

테두리 뜨기

1모양

옆면

무늬뜨기
6코·4단 1모양

—— = 홀수 단
—— = 짝수 단

짧은뜨기
바닥

8회 반복

▷ = 실을 연결한다
► = 실을 자른다

S 방석

P.37

재료와 도구
하마나카 멘즈 클럽 마스터 남색(23) 90g, 오프
화이트(22) 85g, 모사용 코바늘 8/0호

완성 사이즈
가로 41cm 세로 38cm

뜨는 법 포인트
◆ 리프뜨기의 뜨는 방법 P.34~36을 참조해서
원형코로 시작코를 만들어 뜨고, 색을 바꿔가
면서 리프뜨기로 9단을 뜬다.

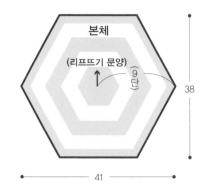

배색표	
단수	색
9단	남색
7·8단	오프화이트
5·6단	남색
3·4단	오프화이트
1·2단	남색

본체

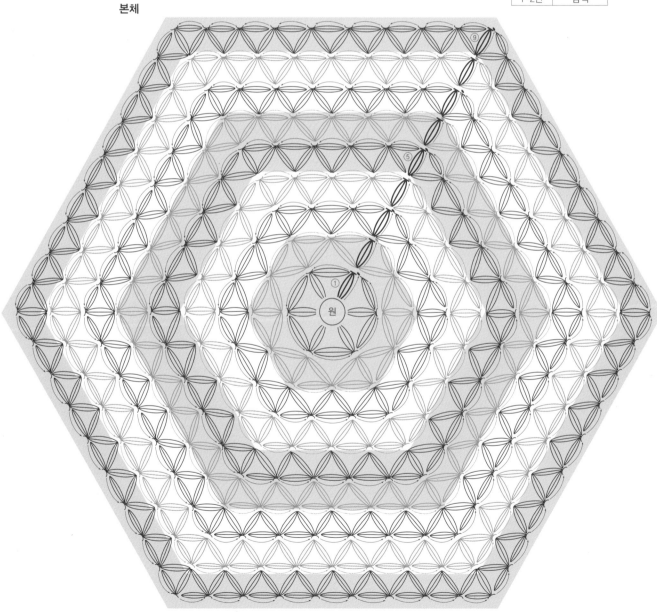

컵 홀더

P.37

재료와 도구

a 녹색 계열…하마나카 알파카 엑스트라 녹색
계열 날염 실(3) 17g, 모사용 코바늘 3/0호

b 오렌지 계열…하마나카 알파카 엑스트라 오
렌지 계열 날염 실(7) 17g, 모사용 코바늘 3/0호

완성 사이즈

둘레 22cm 높이 6.5cm

게이지

리프뜨기 1모양 1.1cm, 10cm에 10단

뜨는 법 포인트

◆ 본체는 리프뜨기로 시작코 20코를 뜨고 원형으
로 만들어 도안을 참조해서 리프뜨기(뜨는 방
법은 P.34~36 참조)로 5단을 뜬다.

◆ 테두리 뜨기 A와 B를 각각 2단을 뜬다.

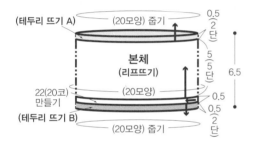

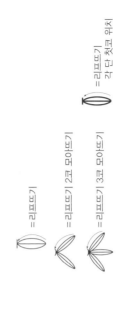

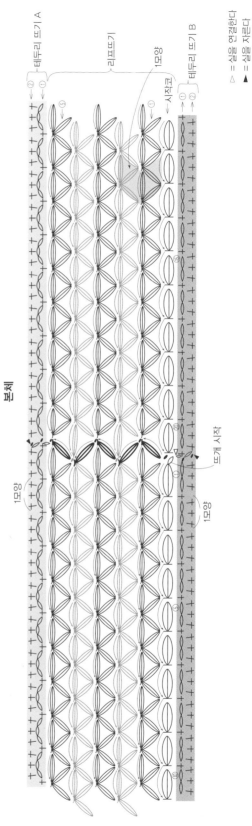

87

U 블랭킷

P.42

재료와 도구

DARUMA 셰틀랜드 울 블루그린(7) 265g, 베이지(2) 260g, 모사용 코바늘 6/0호 · 7/0호

완성 사이즈

가로 67cm 세로 98cm

게이지

10cm 평방에 무늬뜨기 22.5코 10단

뜨는 법 포인트

◆ 본체 A면에서 뜨기 시작하고, 사슬 145코를 시작코로 만들어 무늬뜨기(리버서블 크로셰 1／뜨는 방법은 P.39〜41 참조)를 A면을 97단, B면을 96단 뜬다.

◆ 본체 양 둘레에서 각각 192코를 줍고, 도중에 사슬 1코를 추가해서 193코가 되도록 도안을 참조해서 짧은뜨기를 뜬다. 전체 주위를 테두리 뜨기로 3단 둘러 뜬다.

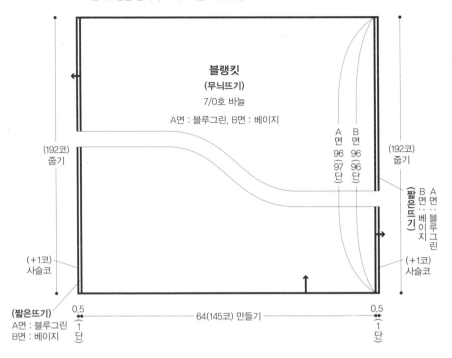

※A면과 B면을 겹쳐서 무늬뜨기를 교대로 뜬다

블랭킷
(무늬뜨기)
7/0호 바늘
A면 : 블루그린, B면 : 베이지

(192코) 줍기

A면 96 (97단) B면 96 (96단)

(192코) 줍기

(짧은뜨기)
B면 : 베이지
A면 : 블루그린

(+1코) 사슬코

(+1코) 사슬코

(짧은뜨기)
A면 : 블루그린
B면 : 베이지
0.5 ● ● 1 단

64(145코) 만들기

0.5 ● ● 1 단

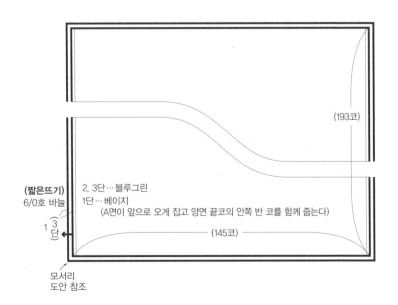

(193코)

(짧은뜨기)
6/0호 바늘

1 3 단

2, 3단…블루그린
1단…베이지
(A면이 앞으로 오게 잡고 양면 끝코의 안쪽 반 코를 함께 줍는다)

(145코)

모서리
도안 참조

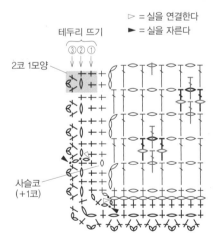

▷ = 실을 연결한다
► = 실을 자른다

테두리 뜨기
③ ② ①

2코 1모양

사슬코
(+1코)

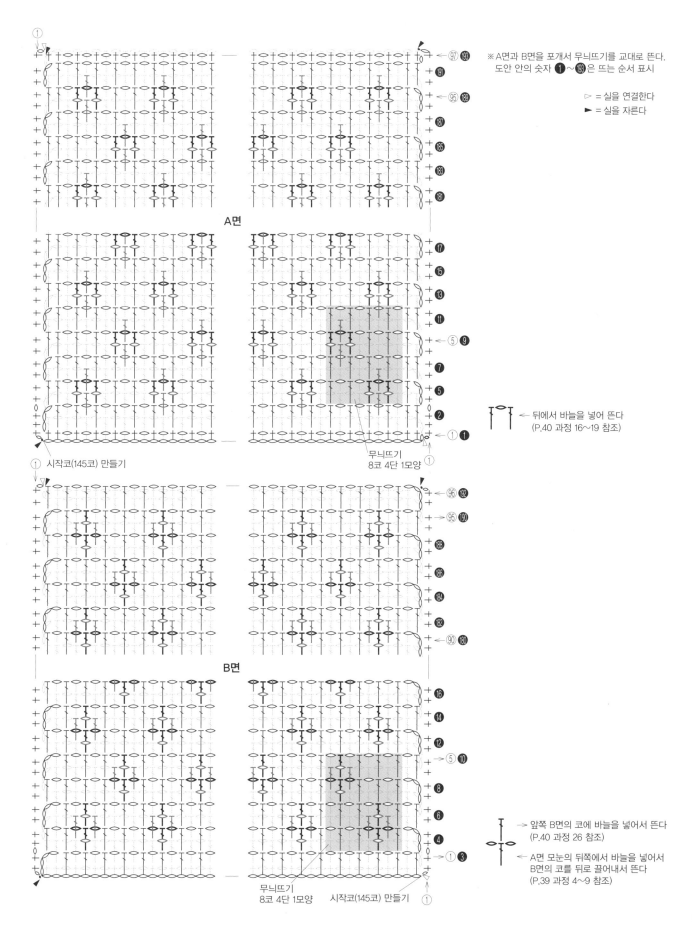

※ A면과 B면을 포개서 무늬뜨기를 교대로 뜬다.
도안 안의 숫자 ❶∼⓭은 뜨는 순서 표시

▷ = 실을 연결한다
► = 실을 자른다

A면

① 시작코(145코) 만들기

무늬뜨기
8코 4단 1모양

← 뒤에서 바늘을 넣어 뜬다
(P.40 과정 16∼19 참조)

B면

무늬뜨기
8코 4단 1모양

시작코(145코) 만들기 ①

→ 앞쪽 B면의 코에 바늘을 넣어서 뜬다
(P.40 과정 26 참조)

← A면 모눈의 뒤쪽에서 바늘을 넣어서
B면의 코를 뒤로 끌어내서 뜬다
(P.39 과정 4∼9 참조)

Ⅴ 쇼트 스누드

P.43

재료와 도구

DARUMA 공기를 섞어 만든 울 알파카 남색
(6)·그레이(7) 각 45g, 모사용 코바늘 6/0호

완성 사이즈

너비 16cm 둘레 78cm

게이지

10cm 평방에 무늬뜨기 23.5코 11단

뜨는 법 포인트

◆ 본체 A면에서 뜨기 시작하고, 사슬 184코로
  시작코를 만들어 무늬뜨기(리버서블 크로셰
  1／뜨는 방법은 P.39~41 참조)를 원통형으로
  왕복뜨기를 하고, A면을 19단, B면을 18단 뜬
  다. 단이 바뀌는 부분의 코는 모양이 중간에 잘
  리지 않도록 기둥코 위치를 이동하면서 뜬다.
◆ 본체 위아래 테두리는 B면이 앞쪽으로 오게 잡
  고, 양면 끝코의 안쪽 반 코씩을 함께 빼뜨기로
  잇는다.

※A면과 B면을 겹쳐서 무늬뜨기를 교대로 뜬다

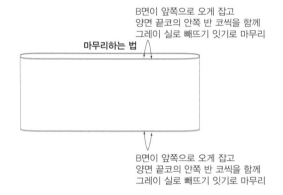

78(184코) 만들기

B면이 앞쪽으로 오게 잡고
양면 끝코의 안쪽 반 코씩을 함께
그레이 실로 빼뜨기 잇기로 마무리

마무리하는 법

B면이 앞쪽으로 오게 잡고
양면 끝코의 안쪽 반 코씩을 함께
그레이 실로 빼뜨기 잇기로 마무리

마무리하는 법

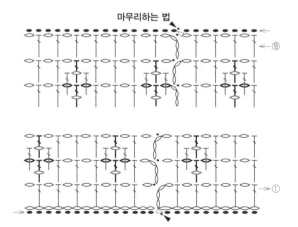

▷ = 실을 연결한다
► = 실을 자른다

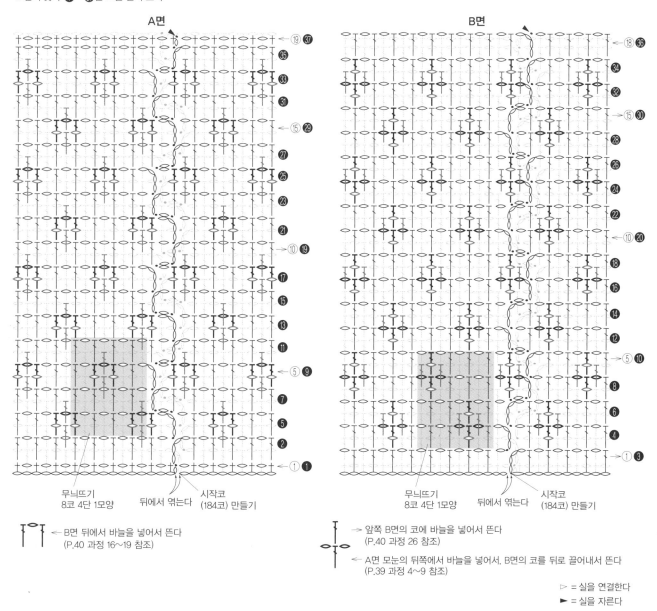

A면

B면

무늬뜨기
8코 4단 1모양

뒤에서 엮는다

시작코
(184코) 만들기

← B면 뒤에서 바늘을 넣어서 뜬다
   (P.40 과정 16~19 참조)

무늬뜨기
8코 4단 1모양

뒤에서 엮는다

시작코
(184코) 만들기

→ 앞쪽 B면의 코에 바늘을 넣어서 뜬다
   (P.40 과정 26 참조)

← A면 모눈의 뒤쪽에서 바늘을 넣어서, B면의 코를 뒤로 끌어내서 뜬다
   (P.39 과정 4~9 참조)

▷ = 실을 연결한다
► = 실을 자른다

W 플랩 클러치 백

P.45

재료와 도구

하마나카 엑시드 울L《병태》연갈색(304) 110g,
빨강(335) 110g, 모사용 코바늘 6/0호

완성 사이즈

가로 30cm   세로 19cm

게이지

무늬뜨기 1모양 2.3cm, 10cm에 10.5단

뜨는 법 포인트

◆ 본체 A면에서 뜨기 시작하고, 사슬 66코로 시
  작코를 만들어 도안대로 무늬뜨기 1단을 뜨고,
  코를 쉬게 한다.

◆ 본체 B면은 리버서블 크로셰 2 뜨는 방법
  (P.44)을 참조해서, A면과 B면을 56단씩 뜬다.
  B면 끝단에서 이어서 양면을 엮어가면서 테두
  리 뜨기를 한다.

◆ 본체를 바닥선에서 1번 접어서 마무리 방법을
  참조해가며 양 둘레를 짧은뜨기의 사슬 엮기로
  합친다.

※모두 6/0호 바늘로 뜬다

본체
(모양뜨기)
A면 : 연갈색, B면 : 빨강

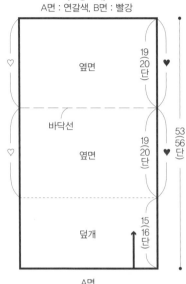

※A면과 B면을 겹쳐서 무늬뜨기를
교대로 뜬다

A면
◆─── 30(13모양·66코) 만들기 ───◆

B면
A면 1단부터 (13모양) 줍기

완성하는 방법

① 양면의 마지막 단을 테두리 뜨기로 합친다

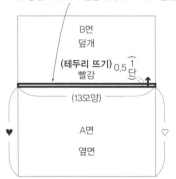

② 양 둘레 마무리는 A면을 보면서
  각 ♡, ♥끼리 B면만 빨강으로 짧은뜨기의 사슬 엮기를 한다
③ B면이 겉이 되도록 뒤집는다

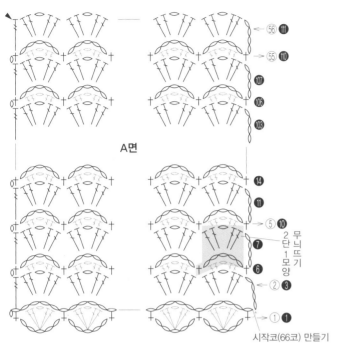

A면

시작코(66코) 만들기

2 무
단 늬
1 뜨
모 기
양

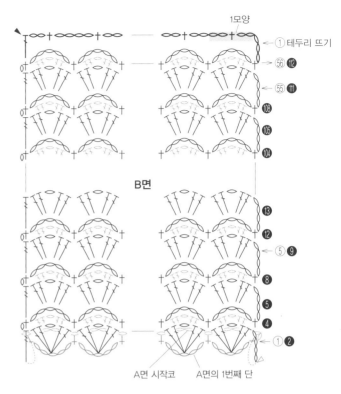

B면

① 테두리 뜨기

1모양

A면 시작코   A면의 1번째 단

✝ =전 단의 한길긴뜨기와 한길긴뜨기 사이에 바늘을 넣어서 짧은뜨기를 한다

=전 단의 사슬 5코 ⌒⌒ 와 반대쪽 ⋔ 의 사슬 1코를
함께 다발로 주워서 뜬다

=시작코의 사슬 4코 ⌒⌒ 와 반대쪽 ⋔ 의 사슬 1코를
함께 다발로 주워서 뜬다

∞✝∞ =전 단의 사슬 5코 ⌒⌒ 와 반대쪽 ⋔ 의 사슬 1코를
함께 다발로 주워서 짧은뜨기를 뜬다

▷ = 실을 연결한다
► = 실을 자른다

둘레 잇는 방법

A면

B면

A면

※ A면을 겉끼리 마주 보게 한 상태에서
B면만 양 둘레 코를 주워서 엮는다

B면

A면

금속 프레임 백

P.47

재료와 도구

하마나카 아프리코 베이지(25) 45g, 가방용 금속
프레임(가로 10.5×세로 5cm, 둥근형, 앤티크 색상
H207-003-4), 금속 오링 2개, 안감 20×40cm,
레이스용 코바늘 0호·모사용 코바늘 2/0호

완성 사이즈

가방 가로 18cm 세로 18cm(손잡이 제외)

뜨는 법 포인트

◆ 원형코로 시작코를 만들어 도안대로 무늬뜨기를
16단 한다(코일뜨기／뜨는 방법은 P.46 참조).
동일한 모양을 2장 뜬다.

◆ 손잡이는 2줄로 짧은뜨기 새우뜨기를 지정한
치수로 뜬다.

◆ 안감은 모형 패턴을 200% 확대해서 사용하고,
마무리 방법을 참조해서 본체에 바느질로 붙여
서 마무리한다.

손잡이
(짧은뜨기 새우뜨기)
모사용 코바늘 2/0호 바늘
베이지색 실 2줄로 뜬다

가방 본체 2장

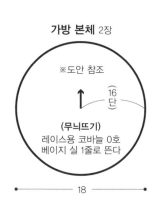

※도안 참조

16
단

(무늬뜨기)
레이스용 코바늘 0호
베이지 실 1줄로 뜬다

18

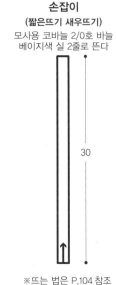

30

※뜨는 법은 P.104 참조

입구
중심

바느질 끝   바느질 끝

안감 모형 패턴
2장

※200%로 확대해서 사용

18

18

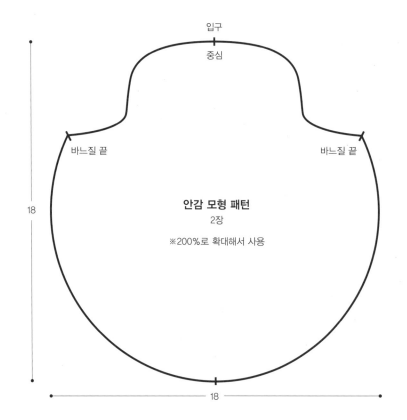

완성도

손잡이

금속 오링

금속 프레임

2

마무리 방법

①본체 2장을 겉끼리 마주 보게 해서 지정한 위치에서
감침질 잇기로 합친다

②안감은 주위에 1cm 시접을 두고 재단한다. 겉끼리
마주 보게 하고 입구를 남기고 바느질 끝 지점까지 박는다.
시접을 정리하고, 입구의 시접을 뒤로 접는다

③본체에 안감을 넣고 입구를 바느질해서 붙인다

④본체의 금속 프레임을 다는 위치에서 뒤로 접어 꺾고,
금속 프레임을 박음질해서 단다

⑤금속 프레임에 금속 오링을 단다

⑥금속 오링에 손잡이를 통과시키고 접어서 재봉한다

무늬뜨기 가방 본체

입구

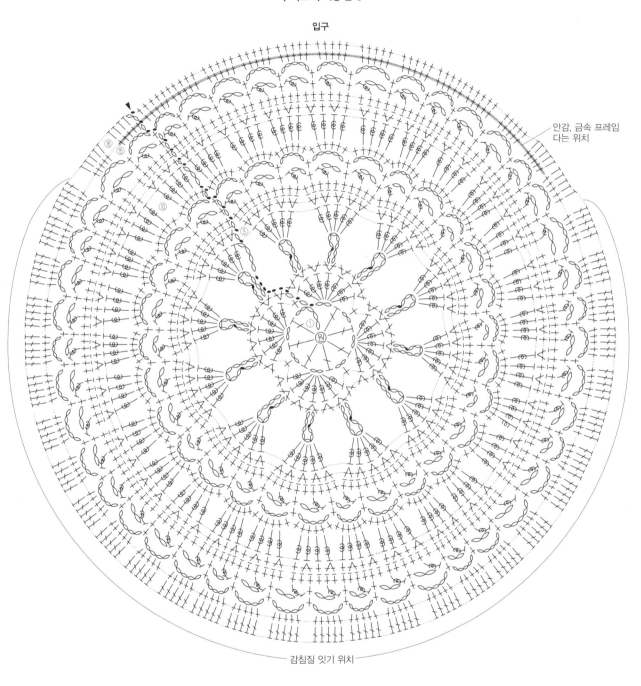

안감, 금속 프레임
다는 위치

감침질 잇기 위치

► = 실을 자른다

ᛤ = 코일뜨기(10회 감기)

Wonder Crochet(NV70439)
Copyright ⓒ NIHON VOGUE-SHA 2017
Photographer: Yukari Shirai
First published in Japan in 2017 by NIHON VOGUE Corp.
Korean translation rights arranged with NIHON VOGUE Corp.
through Shinwon Agency Co.
Korean translation rights ⓒ 2018 by Iaso Publishing Co.

더 즐거운 코바늘 손뜨개
원더 크로셰

초판 1쇄 발행 2018년 10월 20일
초판 3쇄 발행 2021년 4월 10일

지은이 일본 보그사
옮긴이 김은주
펴낸이 명혜정
펴낸곳 도서출판 이아소
디자인 황경성
교 정 정수완

등록번호 제311-2004-00014호
등록일자 2004년 4월 22일
주소 04002 서울시 마포구 월드컵북로5나길 18 1012호
전화 (02)337-0446 **팩스** (02)337-0402

책값은 뒤표지에 있습니다.
ISBN 979-11-87113-29-4 13590

도서출판 이아소는 독자 여러분의 의견을 소중하게 생각합니다.
E-mail: iasobook@gmail.com

이 도서의 국립중앙도서관 출판예정도서목록(CIP)은 서지정보유통지원시스템 홈페이지(seoji.nl.go.kr)와
국가자료공동목록시스템(www.nl.go.kr/kolisnet)에서 이용하실 수 있습니다. (CIP제어번호: CIP2018028700)

Basic Technique Guide

코바늘뜨기 기초

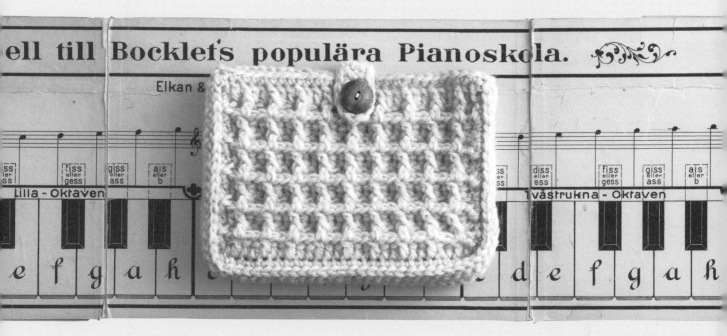

코 만들기(시작코)

실 끝을 원형으로 만든 시작코

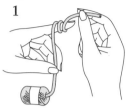

1

왼손 집게손가락에 실을 2번 감아서 고리를 만든다

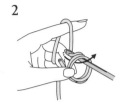

2

고리가 무너지지 않도록 왼손에 고쳐 잡고, 고리 안으로 바늘을 넣어 실을 걸어 빼낸다

3

다시 바늘에 실을 걸어 뺀다

4

시작코의 원형 고리가 생김(이 코는 콧수에 포함하지 않는다)

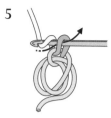

5

1단의 기둥코가 될 사슬 1코를 뜬다

6

원형코 고리 안에 바늘을 넣어서 실을 뺀다

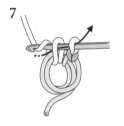

7

바늘 끝에 실을 걸어서 빼내고, 짧은뜨기를 한다

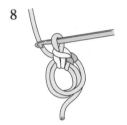

8

짧은뜨기 1코 완성. 계속해서 같은 요령으로 뜬다

9

1단의 짧은뜨기 6코를 뜬 모습

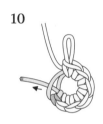

10

1단을 다 뜬 후, 중심 고리를 당겨 조여준다. 실 끝을 조금씩 당기면 고리 2가닥 중 실 끝에 가까운 실 1가닥이 움직인다

11

움직인 실을 당겨, 실 끝에서 먼 쪽의 고리를 조인다(당긴 쪽의 고리가 남음)

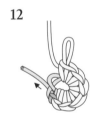

12

실 끝을 당겨 남아 있던 실 끝과 가까운 쪽의 고리를 조인다

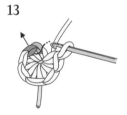

13

1단의 끝맺음은 1번째 짧은뜨기 머리 2가닥 아래로 바늘을 넣는다

14

바늘에 실을 걸어 뺀다

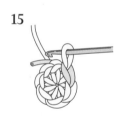

15

1단을 뜬 모습

사슬을 원형으로 만든 시작코

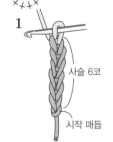

1

사슬 6코

시작 매듭

필요한 콧수(여기서는 6코)만큼 사슬을 뜬다

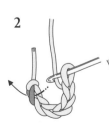

2

사슬 첫코에 바늘을 넣는다

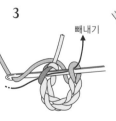

3

빼내기

사슬 반 코와 사슬코 산을 주운 뒤 바늘 끝에 실을 걸어 뺀다

4

빼낸 코

사슬이 원형코가 되었다

5

기둥코 사슬 1코를 뜬다

6

기둥코인 사슬 1코

계속해서 고리 안으로 바늘을 넣어 실 끝도 같이 주워서 1단을 뜬다

코바늘뜨기 기호와 뜨는 법

◯ 사슬뜨기 가장 기본이 되는 코로, 다른 뜨기 방법의 시작코(토대)로도 사용한다.

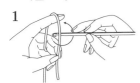

1 실 끝을 10cm 정도 남기고 바늘을 실 안쪽에 대고 바늘 끝을 회전해 실을 감는다

2 실이 교차하는 부분을 눌러주면서, 화살표 방향으로 바늘을 돌려 실을 건다

3 바늘 끝에 걸린 실을 빼낸다

4 실 끝을 당겨 고리를 조인다. 이것이 시작 매듭이 된다. 콧수로 세지 않는다

5 바늘을 실 앞에서 화살표 방향으로 돌려 실을 건다

6 바늘 끝에 실을 걸어, 바늘에 걸린 고리 안으로 뺀다

7 바늘에 걸린 고리 아래에 사슬 1코가 생김. 바늘에 실을 걸어서 빼내며 뜬다

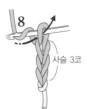

8 사슬 3코를 뜬 모습. 같은 요령으로 떠나간다

● 빼뜨기

보조적인 뜨기 방법으로, 코와 코를 연결할 때 사용한다.

바늘 끝에 실을 걸어서 빼낸다

◎ 사슬 줍는 법

• 사슬코 산 줍기

사슬 모양이 무너지지 않고, 깔끔하게 완성된다

• 사슬 반 코와 사슬코 산 줍기

코줍기가 쉬우며 안정감이 있고 견고하다

◎ 사슬뜨기의 시작코는 풀린다

사슬을 시작코로 할 경우, 막상 1단을 다 떴는데 시작코의 콧수가 부족하다는 것을 깨달았다면 추가해서 뜨는 것이 불가능하다. 이런 상황이 우려될 때는 일단 사슬을 많이 떠두는 것이 좋다. 여분의 사슬은 그림과 같은 방법으로 풀 수 있다.

1 시작코
사슬뜨기의 시작코

2 실 끝에 연결된 실을 잡아 뺀다

3 이어서 연결된 실을 빼낸다

4 코바늘을 넣어서 실을 끌어당긴다

5 잡아당긴다
실 끝을 잡아당기면 사슬코가 풀린다

※사슬뜨기 이외의 뜨개법은 시작코처럼 코를 만들 수 있는 토대가 없으면 뜰 수 없다. 또한 코의 높이를 맞추기 위해 '기둥코'라고 하는 사슬코를 떠야 한다.

╋ 짧은뜨기

'기둥코'는 사슬코 1개로, 작기 때문에 콧수에는 포함하지 않는다.

1 사슬 1코로 기둥코를 세우고, 시작코 끝 코에 바늘을 넣는다

2 바늘 끝에 실을 걸어 뺀다. 이 상태가 '미완성 짧은뜨기'

3 바늘 끝에 실을 걸어 2개의 고리를 한 번에 뺀다

4 짧은뜨기 1코를 뜬 상태

5 같은 요령으로 계속 뜬다. 10코를 뜬 상태

╤ 한길긴뜨기

'기둥코'는 사슬 3코이며, 기둥코도 1코로 콧수에 포함한다.

1 사슬 3코로 기둥코를 세우고, 바늘에 실을 건다

2 기둥코가 1번째 코가 되므로 시작코 끝에서 2번째 코에 바늘을 넣는다

3 실을 걸어서 뺀다
바늘 끝에 실을 걸어, 사슬 2코 길이로 실을 뺀다

4 바늘 끝에 실을 걸고 고리 2개를 빼낸다

5 이 상태를 '미완성 한길긴뜨기'라 하고, 한 번 더 바늘 끝에 실을 걸어 남은 고리 2개를 빼낸다

6 한길긴뜨기 1코를 뜬 상태로, 기둥코를 포함해서 2번째 코가 된다

7 같은 요령으로 계속해서 뜬다

8 13코를 뜬 상태

⊤ 긴뜨기

짧은뜨기와 한길긴뜨기의 중간
길이로 뜨는 코. '기둥코'는 사
슬 2코이며, 콧수에 포함한다.

1

사슬 2코로 기둥코를 세우고,
바늘에 실을 걸어 시작코의
끝에서 2번째 코에 바늘을 넣
는다

2

바늘 끝에 실을 걸어서 사슬 2
코 길이로 빼낸다

3

이 상태를 '미완성 긴뜨기'라
한다. 바늘 끝에 실을 걸어 바
늘에 걸린 3개 고리를 한 번에
모두 빼낸다

4

긴뜨기 1코를 뜬 상태. 기둥코
를 포함해서 2번째 코가 된다

두길긴뜨기

한길긴뜨기보다 사슬코 1개 정
도 더 길게 뜬 코. 바늘에 실
을 2번 감아 걸어서 뜬다. '기
둥코'는 사슬코 4개로, 콧수에
포함한다.

1

사슬 4코로 기둥코를 세우고,
바늘에 실을 2번 감아, 시작코
의 끝에서 2번째 코에 바늘을
넣는다

2

바늘 끝에 실을 걸어 빼낸다

3

실을 사슬 2코 길이로 뺀다

4

바늘 끝에 실을 걸어서 고리 2
개를 먼저 뺀다

5

한 번 더 바늘 끝에 실을 걸어
고리 2개를 뺀다

6

이 상태를 '미완성 두길긴뜨기'
라 한다. 한 번 더 바늘에 실을
걸어 남은 고리 2개를 뺀다

7

두길긴뜨기 1코를 뜬 상태. 기
둥코를 포함해서 2번째 코가
된다

8

바늘에 실을 2번 감아 같은 요
령으로 계속해서 뜬다

세길긴뜨기

두길긴뜨기보다 사슬코 1개 정
도 더 길게 뜬 코. 바늘에 실을
3번 감아 걸어서 뜬다. '기둥
코'는 사슬코 5개로 콧수에 포
함한다.

1

사슬 5코로 기둥코를 세우고,
바늘에 실을 3번 감는다. 시작
코 끝에서 2번째 코에 바늘을
넣는다

2

바늘 끝에 실을 걸어 사슬 2코
길이로 빼낸다

3

바늘 끝에 실을 걸어서 고리 2
개를 먼저 뺀다

4

한 번 더 바늘 끝에 실을 걸어
고리 2개를 빼내고, 또 한 번
바늘에 실을 걸어 고리 2개를
뺀다

코일뜨기(감아뜨기)

※바늘에 실을 감는 횟수는 뜨는 방
법에 따른다

1

바늘에 실을 지정한 횟수로
감아 아랫단의 코를 줍는다

2

실을 걸어서 뺀다

5

이 상태를 '미완성 세길긴뜨기'
라 한다. 한 번 더 바늘에 실을
걸어 남은 고리 2개를 뺀다

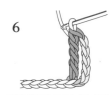

6

세길긴뜨기 1코를 뜬 상태. 기
둥코를 포함해서 2번째 코가
된다

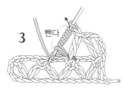

3

바늘 끝에 실을 걸어서, 앞서
빼낸 고리와 바늘에 감긴 고리
를 한 번에 뺀다

4

바늘 끝에 실을 걸어 남은 고
리 2개를 뺀다

5

'감아뜨기'를 완성한 상태. 계
속해서 뜬다

6

코일 모양의 코 완성

늘임코 · 줄인코 · 그 외 뜨개코 콧수가 달라져도 요령은 동일하다.

⩗ 한길긴뜨기 2코 넣어뜨기(코에 넣기)

1 한길긴뜨기 1코를 뜨고, 바늘에 실을 걸어 같은 자리에 바늘을 넣는다

2 한 번 더 한길긴뜨기를 한다

3 한길긴뜨기 2코 넣어 뜨기 완성. 기호의 다리가 붙어 있으면 같은 코에 넣어 뜬다

⩗ 한길긴뜨기 2코 넣어뜨기(다발을 주워 뜨기)

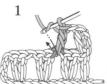

1 아랫단 사슬의 고리 전체를 다발로 주워서 한길긴뜨기를 한다. 같은 자리에 1코 더 뜬다

2 한길긴뜨기 2코 넣어뜨기 완성. 기호의 다리가 떨어져 있으면 아랫단의 다발을 주워 뜬다

V 짧은뜨기 2코 넣어뜨기(코에 뜨기)

짧은뜨기를 1코 뜨고, 같은 자리에 1코 더 뜬다

⩘ 짧은뜨기 2코 모아뜨기

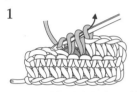 

1 바늘 끝에 실을 걸어서 빼고, 다음 코도 똑같이 실을 걸어서 뺀다(미완성 짧은뜨기 2코). 바늘 끝에 실을 걸어서 걸린 고리 3개를 한 번에 뺀다

2 짧은뜨기 2코 모아뜨기 완성

⩕ 한길긴뜨기 4코 모아뜨기

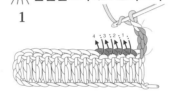 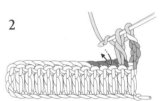

1 바늘에 실을 걸어서 아랫단의 코를 순서대로 주워 미완성 한길긴뜨기를 한다

2 첫 번째 미완성 한길긴뜨기를 한 상태. 바늘에 실을 걸어서 계속 뜬다

3 미완성 한길긴뜨기 4코를 뜨면 바늘 끝에 실을 걸어 바늘에 걸린 5개의 고리를 한 번에 뺀다

미완성 한길긴뜨기 4코

4 4코가 1코가 되고 '한길긴뜨기 4코 모아뜨기'를 완성했다(3코 줄어든 상태). 다음 코를 진행하면 코가 안정된다

사슬 3코 빼뜨기 피코트(한길긴뜨기에 뜨기)

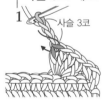  

1 사슬 3코를 뜨고, 피코트 밑동의 한길긴뜨기의 머리 반 코와 다리 1가닥을 줍는다

사슬 3코

2 바늘 끝에 실을 걸어서 뺀다

빼다

3 사슬 3코 빼뜨기 피코트 완성

⤬ 한길긴뜨기 1코 교차뜨기

 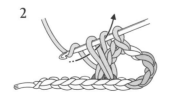  

1 머리가 오른쪽에 있는 한길긴뜨기를 먼저 뜨고, 바늘에 실을 걸어서 1코 앞의 코를 줍는다

2 먼저 뜬 한길긴뜨기를 휘감듯 실을 빼내고 바늘 끝에 실을 걸어 우선 고리 2개를 뺀다

3 다시 바늘 끝에 실을 걸어 고리 2개를 뺀다(한길긴뜨기를 뜬다)

4 한길긴뜨기 1코 교차뜨기 완성

긴뜨기 3코 구슬뜨기(코에 뜨기)

1 바늘에 실을 걸어서 빼내 미완성 긴뜨기(P.100 긴뜨기-3 참조)를 뜨고, 같은 코에 2회 더 반복해서 미완성 긴뜨기 3코를 만든다

2 바늘 끝에 실을 걸어 바늘에 걸린 7개 고리를 한 번에 뺀다

3 완성된 상태. 다음 코를 뜨면 안정된다. 완성 코의 머리가 구슬보다 오른쪽에 생긴다. 기호의 다리가 붙어 있는 경우 모두 미완성 뜨기 코를 1코에 넣어 뜬다

긴뜨기 3코 구슬뜨기(다발을 주워 뜨기)

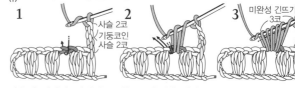

1 기호의 다리가 떨어진 경우는 아랫단의 사슬을 다발로 줍는다

2 바늘 끝에 실을 걸어 빼내 미완성 긴뜨기를 하고, 같은 곳에 2회 반복해서 실을 빼내며 미완성 긴뜨기 3코를 뜬다

3 바늘 끝에 실을 걸어 바늘에 걸린 7개의 고리를 한 번에 모두 뺀다

짧은뜨기 뒤걸어뜨기

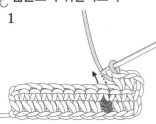 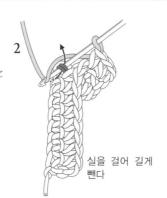

1 전전 단 코의 다리 전체를 줍듯이 뒤쪽에서 바늘을 넣어 뒤로 뺀다

2 실을 걸어 길게 뺀다

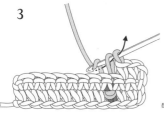 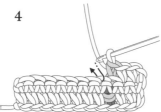

3 바늘 끝에 실을 걸어 바늘에 걸린 고리 2개를 뺀다(짧은뜨기를 한다)

4 '짧은뜨기 뒤걸어뜨기' 완성. 앞쪽 아랫단의 1코는 건너뛰고 다음 코를 뜬다

변형긴뜨기 3코 구슬뜨기

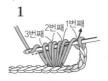 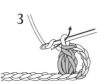

1 같은 코에 미완성 긴뜨기 3코를 뜨고, 바늘 끝에 실을 걸어서 바늘에 걸린 고리 6개를 뺀다

2 한 번 더 바늘 끝에 실을 걸어, 남은 고리 2개를 뺀다

3 구슬뜨기 코가 쏠리지 않고 완성된다. 기호의 다리가 붙은 경우는 모두 미완성 뜨기 코를 1코에 넣어 뜬다

한길긴뜨기 앞걸어뜨기 ※갈고리 부분이 걸린 코의 다리 전체를 주워 뜬다

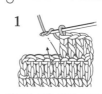

1 바늘에 실을 걸어, 갈고리(↓) 부분이 코의 다리 전체를 줍도록 앞쪽에서 바늘을 넣는다

2 바늘에 실을 걸어서 길게 빼고, 바늘 끝에 실을 걸어 바늘에 걸린 고리 2개를 뺀다

3 실을 걸어서 남은 고리 2개를 뺀다. 한길긴뜨기 앞걸어뜨기 완성 상태

짧은뜨기 이랑뜨기 아랫단 머리의 반 코를 주워 뜨고, 반 코를 줄기로 남기는 뜨개법.

•왕복해서 뜨는 경우

•원통으로 뜨는 경우

   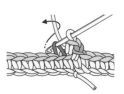

1 1단은 기본 짧은뜨기를 하고, 2단(뒤를 보면서 뜨는 단)은 아랫단의 머리를 앞쪽에서 반 코 주워서 짧은뜨기 한다

2 앞면에 줄기가 남도록 정면의 반 코를 주워서 짧은뜨기 한다

3 3단(앞을 보고 뜨는 단)은 아랫단 머리의 뒤쪽 반 코를 주워서 짧은뜨기 한다

4 4단 기둥코까지 뜬 상태. 계속해서 앞면에 머리 반 코가 남도록 뜬다

계속 편물의 겉면을 보고 뜨는 경우에는 항상 아랫단 머리의 뒤쪽 반 코를 주워서 짧은뜨기를 한다.

엮는 법·잇는 법 2장의 편물을 연결할 때 기본적으로 단과 단은 '엮기', 코와 코는 '잇기'라고 한다.

짧은뜨기 사슬 엮기

편물을 겉끼리 맞대게 겹친 뒤 양쪽의 머리를 주워 짧은뜨기·사슬뜨기를 반복해서 엮는다

단을 주워 엮기

1

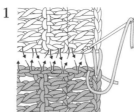

겉면이 보이도록 2장을 나란히 놓고, 양 끝단 가장자리의 코를 가르며 바늘을 넣는다

※실제로는 연결 실이 보이지 않도록 매 코마다 실을 당기면서 엮는다

2

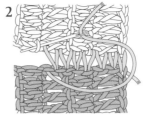

1코에 실 2줄씩 오도록 교대로 주워 엮는다

3

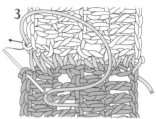

마지막은 화살표와 같이 바늘을 넣는다

제본 엮기(감침질) ※'감침질 엮기'라고도 한다

1

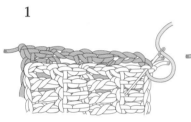

2장의 편물을 겉끼리 맞대고 돗바늘을 양쪽 시작코의 사슬에 넣는다

2

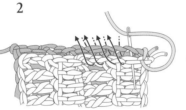

바늘은 항상 동일한 방향에서 넣는다. 2장 모두 가장자리 끝단의 코를 가르면서 한길긴뜨기 1단을 2~3회씩, 연결 실로 감싸듯이 휘갑친다

3

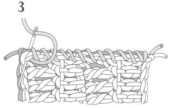

엮기가 끝나는 부분은 같은 자리에 1~2회 바늘을 통과시켜서 단단하게 엮고, 뒷면에서 실을 정리한다

코를 주워 잇기

1

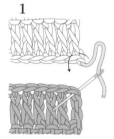

편물의 겉면이 보이도록 2장을 나란히 놓는다. 한길긴뜨기의 머리 안쪽으로 바늘을 넣는다(한쪽 편물의 뜨던 실로 잇기를 하면 좋다)

2

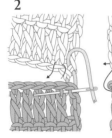

바늘 넣는 법은 위쪽에서 1코, 아래쪽에서는 반 코와 다음 반 코를 줍는다

3

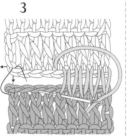

교대로 반복한다

※실제로는 연결 실이 보이지 않도록 1코씩 실을 당겨가면서 잇는다

제본 잇기(감침질) ※'감침질 잇기'라고도 한다

1

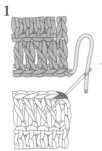

2장의 편물을 겉면이 보이도록 맞대고 각각 마지막 단의 머리 실 2가닥씩 줍는다(한쪽 편물의 뜨던 실로 잇기를 하면 좋다)

2

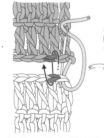

1코씩 돗바늘을 항상 같은 방향으로 넣는다. 연결 실이 노출되므로 실을 일정한 세기로 당기도록 한다

3

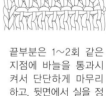

끝부분은 1~2회 같은 지점에 바늘을 통과시켜서 단단하게 마무리하고, 뒷면에서 실을 정리한다

※양 편물의 머리를 반 코씩 연결하는 경우도 있다

빼뜨기 잇기

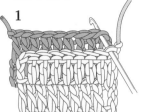

1

2장의 편물을 겉끼리 맞대어 각각의 마지막 단 코의 머리 실 2가닥씩을 주워서 바늘을 넣는다

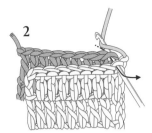

2

바늘에 실을 걸어서 뺀다(한쪽 편물의 뜨던 실로 잇기를 하면 좋다)

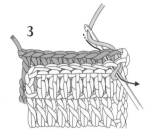

3

1코씩 빼뜨기 한다

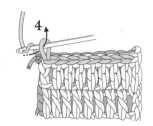

4

잇기가 끝나는 부분에 한 번 더 실을 걸어서 빼뜨기를 하고 코를 당겨 조인다

끈 뜨는 법

스레드 코드

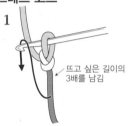

1

뜨고 싶은 길이의 3배를 남김

뜨고 싶은 길이의 3배가량 실을 남기고 사슬뜨기로 시작 매듭을 만든다. 아래 실 끝을 앞에서 뒤쪽으로 바늘에 건다

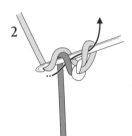

2

바늘 끝에 실을 걸어서 아래 실까지 함께 걸어 뺀다(사슬뜨기)

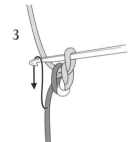

3

1코를 뜬 상태. 다음 코도 아래 실을 앞에서 뒤쪽으로 바늘에 건다

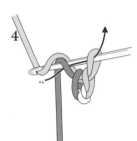

4

함께 빼서 사슬을 뜬다

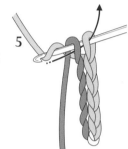

5

그림 3, 4를 반복해서 뜨고, 마지막은 사슬코를 빼뜨기 한다

새우뜨기

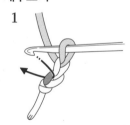

1

사슬 2코를 뜨고, 첫 번째 코 반 코와 사슬코 산을 주워서 바늘을 넣는다

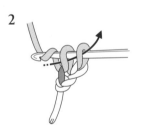

2

실을 끌어 올리고 바늘 끝에 실을 감아 걸린 고리 2개를 뺀다(짧은뜨기 한다)

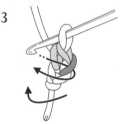

3

그림 1의 2번째 사슬의 반 코에 바늘을 넣어 그대로 편물을 왼쪽으로 돌린다

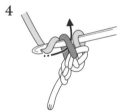

4

실을 걸어서 뺀다

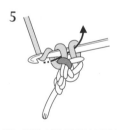

5

바늘 끝에 실을 걸어서 고리 2개를 뺀다(짧은뜨기 한다)

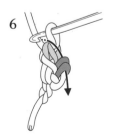

6

화살표와 같이 바늘을 넣어서 고리 2개를 줍는다

7

바늘을 넣은 그대로 편물을 왼쪽으로 돌린다

8

바늘에 실을 걸어서 뺀다

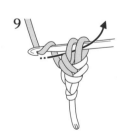

9

바늘 끝에 실을 감아 고리 2개를 뺀다(짧은뜨기 한다)

10

그림 6~9를 반복하며 편물을 왼쪽으로 돌려가면서 짧은뜨기를 뜬다. 마지막은 그대로 빼뜨기 한다